U0269835

现代学徒制工程测量技术专业教材

# 地理信息系统技术

主编　潘燕芳　王庆光　邹远胜

中国水利水电出版社

www.waterpub.com.cn

·北京·

# 内 容 提 要

本书是依据工程测量技术专业现代学徒制人才培养的要求来编写的工学结合教材。全书分为 6 个模块，分别是 GIS 基本知识、空间数据采集、空间数据处理、空间分析、GIS 产品输出和 GIS 技术应用。每个模块后面还附有职业能力训练大纲、扩展阅读和复习思考题，可供同学们进行课后实践、丰富知识面和巩固所学知识。

本书内容全面、针对性强，可作为工程测量技术、地理信息系统和摄影测量与遥感技术等测绘类高职专业的教材使用，也可作为测绘地理信息、城市规划和水利等行业的教育培训用书。

**图书在版编目（CIP）数据**

地理信息系统技术 / 潘燕芳，王庆光，邹远胜主编
. -- 北京：中国水利水电出版社，2020.8（2023.7重印）
现代学徒制工程测量技术专业教材
ISBN 978-7-5170-8705-2

Ⅰ．①地… Ⅱ．①潘… ②王… ③邹… Ⅲ．①地理信息系统－高等职业教育－教材 Ⅳ．①P208.2

中国版本图书馆CIP数据核字(2020)第141610号

| | | |
|---|---|---|
| 书　　名 | 现代学徒制工程测量技术专业教材<br>**地理信息系统技术**<br>DILI XINXI XITONG JISHU | |
| 作　　者 | 主编　潘燕芳　王庆光　邹远胜 | |
| 出版发行 | 中国水利水电出版社<br>（北京市海淀区玉渊潭南路 1 号 D 座　100038）<br>网址：www.waterpub.com.cn<br>E-mail：sales@mwr.gov.cn<br>电话：（010）68545888（营销中心） | |
| 经　　售 | 北京科水图书销售有限公司<br>电话：（010）68545874、63202643<br>全国各地新华书店和相关出版物销售网点 | |
| 排　　版 | 中国水利水电出版社微机排版中心 | |
| 印　　刷 | 天津嘉恒印务有限公司 | |
| 规　　格 | 184mm×260mm　16 开本　7.75 印张　189 千字 | |
| 版　　次 | 2020 年 8 月第 1 版　2023 年 7 月第 2 次印刷 | |
| 印　　数 | 1501—3000 册 | |
| 定　　价 | **33.00 元** | |

凡购买我社图书，如有缺页、倒页、脱页的，本社营销中心负责调换
**版权所有·侵权必究**

# 前言

地理信息系统是应用计算机软硬件系统，对空间和非空间数据进行采集、存储、管理、分析和显示的综合系统，是近几十年新兴的以计算机科学、地理学、测绘学、遥感科学和数学等多门学科为基础的综合学科，广泛应用于水利、交通、农业、环境、物流和电力等行业，逐步受到政府、企业和院校的重视。

随着近年来校企合作的不断深入，学校招生和人才培养的形式逐渐多样。现代学徒制作为产教融合的有效实现形式，是培养企业所需技术技能人才的重要模式。工程测量技术专业作为教育部第三批现代学徒制试点专业，在双主体育人机制、招生招工、人才培养标准、师资队伍建设等方面与合作企业进行了积极的探索实践，取得了一定的成效。

基于上述背景，本书在梳理地理信息工作任务和职业能力分析基础上，注重理论在实践中的应用，将课程的学习内容整合成 6 个模块。模块 1 是 GIS 基本知识，介绍 GIS 相关概念、常用软件和岗位分析。模块 2 是空间数据采集，介绍 GIS 数据源、图形数据采集、属性数据采集和数据质量评价与控制。模块 3 是空间数据处理，介绍数据的编辑、拓扑关系建立、坐标系统与投影、数据插值、图幅拼接和数据结构转换。模块 4 是空间分析，介绍空间查询、缓冲区分析、叠置分析、数字高程模型和网络分析。模块 5 是 GIS 产品输出，介绍数据输出方式、类型和地图设计。模块 6 是 GIS 技术应用，介绍 3S 集成技术应用、数字地球、数字城市与智慧城市和行业应用。每个模块均由模块概述、学习目标、工作任务、职业能力训练大纲、扩展阅读和复习思考题组成。

本书由广东水利电力职业技术学院潘燕芳、王庆光和广东中冶地理信息股份有限公司邹远胜共同编写，全书由潘燕芳统稿。在编写过程中，参考和吸收了许多专家和学者的研究成果，在此向原作者表示诚挚的感谢。

由于时间紧，加上作者水平和实践经验有限，书中不当之处在所难免，恳请广大读者批评、指正。

**编者**

2020 年 3 月

# 目录

# 模块 1 GIS 基本知识

**【模块概述】**

近年来，信息技术的快速发展越来越改变着人们的学习和生活方式。地理信息系统（GIS）是一门集计算机科学、地理学、测绘学、遥感科学和数学等多学科为一体的交叉性学科，在国民经济中的地位日趋重要，应用领域也越来越广泛。因此学习 GIS 的概述、GIS 的构成、GIS 的功能、GIS 的应用、GIS 的发展、国内外主流的 GIS 软件及 GIS 的岗位分析，对于应用 GIS 来解决实际问题具有十分重要的意义。

**【学习目标】**

1. 知识目标：

（1）掌握 GIS 的相关概念。

（2）掌握 GIS 的组成和功能。

（3）了解 GIS 的发展历史和趋势。

2. 技能目标：

（1）能认识 GIS 的组成。

（2）会操作常用的 GIS 软件。

3. 态度目标：

（1）具有吃苦耐劳精神和勤俭节约作风。

（2）具有爱岗敬业的职业精神。

（3）具有良好的职业道德和团结协作能力。

（4）具有独立思考和解决问题的能力。

## 任务 1.1 GIS 的概述

### 1.1.1 GIS 的起源

1963 年，加拿大测量学家 R. F. Tomlinson 首先提出了地理信息系统（Geographic Information System，GIS）这一概念，并开发出了世界上第一个地理信息系统——加拿大地理信息系统（Canada Geographic Information System，CGIS）。随着计算机软硬件和通信技术的不断进步，地理信息系统的理论和技术方法已得到了飞速的发展，其研究和应用已渗透到自然科学及应用技术的很多领域，如地理学、地质学、环境监测、土地利用、城市规划、交通安全等，并日益受到各国政府和产业部门的重视。

GIS 是在计算机软硬件系统支持下，对整个或部分地球表层（包括大气层）空间中的有关地理分布数据进行采集、储存、管理、运算、分析、显示和描述的技术系统。地理信息系统处理和管理的对象是多种地理空间实体数据及其关系，包括空间定位数据、图形数据、遥感图像数据、属性数据等，用于分析和处理在一定地理区域内分布的各种现象和过程，解决复杂的规划、决策和管理问题。

由于研究和应用领域的不同，人们对地理信息系统的定义仍然存在着分歧。从学术观点来看，人们对 GIS 有如下 3 种观点。

（1）地图观：持地图观的人主要来自景观学派和制图学派，他们认为 GIS 是一个地图处理和显示系统。在该系统中，每个数据集被看成是一张地图、或一个图层（layer）、或一个专题（theme）、或覆盖（coverage）。利用 GIS 的相关功能对数据集进行操作和运算，就可以得到新的地图。

（2）数据库观：持数据库观点的人主要来自于计算机学派，他们强调数据库理论和技术方法对 GIS 设计、操作的重要性。

（3）空间分析观：持空间分析观的人主要来自于地理学派。他们强调空间分析和模拟的重要性。实际上，GIS 的空间分析功能是它与计算机辅助设计（Computer Aided Design，CAD）、管理信息系统（Management Information System，MIS）等系统的主要区别之一，也是 GIS 理论和技术方法发展的动力。

### 1.1.2　GIS 的基本概念

（1）GIS 的物理外壳是计算机化的技术系统，它由若干个相互关联的子系统构成，如数据采集子系统、数据管理子系统、数据处理和分析子系统、图像处理子系统、数据产品输出子系统等，这些子系统的优劣、结构直接影响着 GIS 的硬件平台、功能、效率、数据处理的方式和产品输出的类型。

（2）GIS 的操作对象是空间数据，即点、线、面、体这类有三维要素的地理实体。空间数据最根本的特点是每一个数据都按统一的地理坐标进行编码，实现对其定位、定性和定量的描述，这是 GIS 区别于其他类型信息系统的根本标志，也是其技术难点之所在。

（3）GIS 的技术优势在于它的数据综合、模拟与分析评价能力，它可以得到常规方法或普通信息系统难以得到的重要信息，实现地理空间过程演化的模拟和预测。

（4）GIS 是现代科学技术发展和社会需求的产物。人口、资源、环境、灾害是影响人类生存与发展的四大基本问题。解决这些问题需要自然科学、工程技术、社会科学等多学科、多手段联合攻关。于是，许多不同的学科，包括地理学、测量学、地图制图学、摄影测量与遥感学、计算机科学、数学、统计学以及一切与处理和分析空间数据有关的学科，都需要一种能采集、存储、检索、变换、处理和显示输出来自自然界和人类社会的各式各样数据、信息的强有力工具，这便是地理信息系统，或称空间信息系统。因此，GIS 明显具有多学科交叉的特征，它既要吸取诸多相关学科的精华和营养，并逐步形成独立的边缘学科，又将被多个相关学科所运用，并推动它们的发展。尽管 GIS 涉及众多的学科，但与之联系最为紧密的还是地理学、制图学、计算机、测绘与遥感等。

### 1.1.3　GIS 的相关学科

GIS 的相关学科如图 1.1 所示。

1）地理学和测绘学是以地域为单元研究人类居住的地球及其部分区域，研究人类环境的结构、功能、演化以及人地关系。空间分析是 GIS 的核心，地理学作为 GIS 的分析理论基础，可为 GIS 提供引导空间分析的观点和方法。测绘学和遥感技术不但能为 GIS

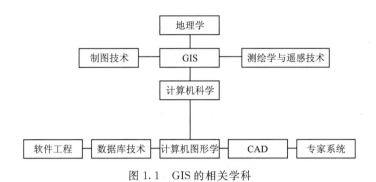

图 1.1 GIS 的相关学科

提供多种快速、可靠、多时相、经济实惠的数据源，而且它们中的许多理论和算法可直接用于空间数据的变换和处理。

2）遥感是一门 20 世纪 60 年代以后发展起来的新兴学科。由于遥感信息所具有的多源性，弥补了常规野外测量所获取数据的不足和缺陷，以及其在遥感图像处理技术上的巨大成就，使人们能够从宏观到微观的范围内，快速有效地获取和利用多时相、多波段的地球资源与环境的影像信息，进而为改造自然，造福人类服务。

3）GIS 最初是从计算机辅助地图制图（以下简称机助制图）起步的。早期的 GIS 往往受到地图制图中在内容表达、处理和应用方面的习惯影响。但是建立在计算机技术和空间信息技术基础上的 GIS 数据库和空间分析方法，并不受传统地图纸平面的限制。GIS 不应当只是存取和绘制地图的工具，更应是存取和处理空间实体的有效工具和手段。

4）GIS 与计算机科学、数学、运筹学、统计学、认知学等学科也密切相关。计算机辅助设计（CAD）为 GIS 提供了数据输入和图形显示的基础软件；数据库管理系统（DBMS）更是 GIS 的核心；数学的许多分支，尤其是几何学、图论、拓扑学、统计学、决策优化方法等被广泛应用于 GIS 空间数据的分析。

# 任务 1.2 GIS 的 构 成

GIS 功能的实现需要一定的环境支持。一个完整的 GIS 主要由 5 个部分构成，即计算机硬件系统、计算机软件系统、空间数据、地学模型和管理与应用人员。其中，计算机硬件和软件为 GIS 建设提供了运行环境；空间数据反映了 GIS 的地理内容；模型为 GIS 应用提供解决方案；人员是系统建设中的关键和能动性因素，直接影响和协调其他几个组成部分。系统构成如图 1.2 所示。

## 1.2.1 计算机硬件系统

计算机硬件系统是计算机系统中的实际物理装置的总称，可以是电子、电、磁、机械、光的元件或装置，是 GIS 的物理外壳。系统的规模、精度、速度、功能、形式、使用方法甚至软件都与硬件有极大的关系，其受硬件指标的支持或制约。GIS 由于其任务的复杂性和特殊性，必须由计算机设备支持。

构成计算机硬件系统的基本组件包括输入/输出设备、中央处理单元、存储器（包括

3

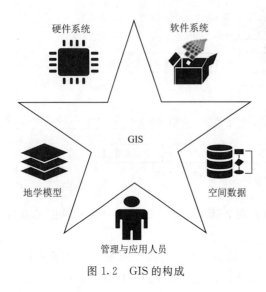

硬件系统

软件系统

GIS

地学模型

空间数据

管理与应用人员

图 1.2　GIS 的构成

主存储器、辅助存储器硬件）等。这些硬件组件协同工作，向计算机系统提供必要的信息，使其完成任务；保存数据以备现在或将来使用；将处理得到的结果或信息提供给用户。

### 1.2.2　计算机软件系统

计算机软件系统是指必需的各种程序。对于 GIS 应用而言，通常包括：

（1）计算机系统软件。由计算机厂家提供的、为用户使用计算机提供方便的程序系统，通常包括操作系统、汇编程序、编译程序、诊断程序、库程序以及各种维护使用手册、程序说明等，是 GIS 所必需的组成部分。

（2）地理信息系统软件和其他支持软件。包括通用的 GIS 软件包、数据库管理系统、计算机图形软件包、计算机图像处理系统、CAD 等，用于支持对空间数据的输入、存储、转换、输出和与用户接口。

（3）GIS 应用软件。GIS 的应用行业非常广泛，基础平台软件提供的功能并不能满足各行业对 GIS 的业务需求。这就需要 GIS 开发人员基于 GIS 平台已有的功能和开放的接口，结合相关行业的具体业务需求开发出符合行业需要的 GIS 应用系统。

### 1.2.3　管理与应用人员

人是 GIS 中的重要构成因素，GIS 不同于一幅静态的地图，它是一个动态的地理模型，仅有系统软硬件和数据还不能构成完整的地理信息系统，需要人进行系统组织、管理、维护和数据更新、系统扩充完善、应用程序开发，并灵活采用地理分析模型提取多种信息，为研究和决策服务。对于合格的系统设计、运行和使用来说，地理信息系统专业人员是地理信息系统应用的关键，且强有力的组织是系统运行的保障。一个周密规划的地理信息系统项目应包括负责系统设计和执行的项目经理、信息管理的技术人员、系统用户化的应用工程师以及最终运行系统的用户。

### 1.2.4　空间数据

空间数据是指以地球表面空间位置为参照的自然、社会和人文经济景观数据，可以是图形、图像、文字、表格和数字等。它是由系统的建立者通过数字化仪、扫描仪、键盘、磁带机或其他系统通信设备输入 GIS，是系统程序作用的对象，是 GIS 所表达的现实世界经过模型抽象的实质性内容。

在 GIS 中，空间数据主要包括：

（1）某个已知坐标系中的位置。即几何坐标，标识地理景观在自然界或包含某个区域的地图中的空间位置，如经纬度、平面直角坐标、极坐标等，采用数字化仪输入时通常采用数字化仪直角坐标或屏幕直角坐标。

（2）实体间的空间关系。实体间的空间关系通常包括：度量关系，如两个地物之间的距离远近；延伸关系（方位关系），定义了两个地物之间的方位；拓扑关系，定义了地物之间连通、邻接等关系，是 GIS 分析中最基本的关系。

（3）与几何位置无关的属性。即通常所说的非几何属性或简称属性，是与地理实体相联系的地理变量或地理意义。属性分为定性和定量两种，前者包括名称、类型、特性等，后者包括数量和等级；定性描述的属性如土壤种类、行政区划等，定量的属性如面积、长度、土地等级、人口数量等。非几何属性一般是经过抽象的概念，通过分类、命名、量算、统计得到。任何地理实体至少有一个属性，而地理信息系统的分析、检索和表示主要是通过属性的操作运算实现的。因此，属性的分类系统和量算指标对系统的功能有较大的影响。

### 1.2.5 地学模型

GIS 的地学模型是根据具体的地学目标和问题，以 GIS 已有的操作和方法为基础，构建能够表达或模拟特定现象的计算机模型。尽管 GIS 提供了用于数据采集、处理、分析和可视化的一系列基础性功能，但是与不同行业相结合的具体问题往往是复杂的，这些复杂的问题必须通过构建特定的地学模型进行模拟。

GIS 作为一门应用型学科，强大的空间分析功能支撑着其强大的发展潜力及其在相关行业广泛的应用。以空间分析为核心并与特定地学问题相结合的地学模型，正是其价值的具体表现形式。因此，地学模型是 GIS 的重要组成部分。

## 任务 1.3 GIS 的 功 能

在建立一个实用的地理信息系统过程中，从数据准备到系统完成，必须经过各种数据转换，每个转换都有可能改变原有的信息。一般的地理信息系统包括 6 项基本功能（图 1.3）。

### 1.3.1 数据采集与输入

数据采集与输入，是将系统外部的原始数据传输给系统内部，并将这些数据从外部格式转换为系统便于处理的内部格式的过程。

针对多种形式和多种来源的信息，输入的方式也有多种，主要有图形数据输入、栅格数据输入、测量数据输入和属性数据输入等。

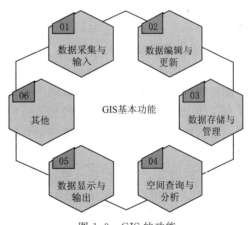

图 1.3 GIS 的功能

数据采集与输入通常是经过数字化、规范化和数据编码 3 个步骤实现的。

（1）数字化是指根据不同信息类型，经过跟踪数字化或扫描数字化，进行模数转换、坐标变换等步骤，形成各种数据文件，存入数据库内的过程。

（2）规范化是指对不同比例尺、不同投影坐标系和不同精度的外来数据，必须统一坐标和记录格式，以便在同一基础上进一步工作。

（3）数据编码就是根据一定的数据结构和目标属性特征，将数据转换为计算机识别和管理的代码或编码字符。数据输入方式与使用的设备密切相关，常用的有 3 种形式，即手扶跟踪数字化、扫描数字化和键盘输入。

### 1.3.2　数据编辑与更新

数据编辑主要包括图形编辑和属性编辑。

图形编辑主要包括图形修改、增加和删除、图形整饰、图形变换、图幅拼接、投影变换、误差校正和建立拓扑关系等操作。

属性编辑通常与数据库管理结合在一起完成，主要包括属性数据的修改、删除和插入等操作。

数据更新是以新的数据项或记录来替换数据文件或数据库中相应的数据项或记录。它是通过修改、删除和插入等一系列操作来实现的。

由于地理信息具有动态变化的特征，人们所获取的数据只反映地理事物某一瞬间或一定时间范围内的特征，随着时间的推进，数据会随之改变。因此，数据更新是 GIS 通过建立地理数据的时间序列，以满足动态分析的前提，是对自然现象的发生和发展做出科学合理的预测预报的基础。

### 1.3.3　数据存储与管理

数据存储与管理是数据集成的过程，是建立地理信息系统数据库的关键步骤，同时也是设计空间数据和属性数据的组织。栅格模型、矢量模型或栅格—矢量混合模型是常用的空间数据组织方法。空间数据结构的选择在一定程度上决定了系统所能执行的数据与分析的功能。

在地理数据组织与管理中，最为关键的是如何将空间数据与属性数据融为一体。目前大多数系统都是将二者分开存储，通过公共项来连接。这种组织方式的缺点是数据定义与数据操作相分离，无法有效地记录地物在时间域上的变化。

### 1.3.4　空间查询与分析

空间查询是地理信息系统以及许多其他自动化地理数据处理系统应具备的最基本的分析功能；空间分析是地理信息系统的核心功能，也是地理信息系统与其他计算机系统的根本区别。其中，模型分析是在地理信息系统支持下，分析和解决现实世界中与空间相关的问题，它是地理信息系统应用深化的重要标志。地理信息系统的空间分析可分为 3 个不同的层次。

（1）空间检索。空间检索包括从空间位置检索空间物体及其属性和从属性条件集检索空间物体。"空间索引"是空间检索的关键技术，如何有效地从大型的地理信息系统数据库中检索出所需信息，这将影响地理信息系统的分析能力；另外，空间物体的图形表达也是空间检索的重要部分。

（2）空间拓扑叠置分析。空间拓扑叠置分析实现了输入要素属性的合并以及要素属性在空间上的连接。空间拓扑叠置本质是空间意义上的布尔运算。

（3）空间模型分析。在空间模型分析方面，目前多数研究工作着重于如何将地理信息系统与空间模型分析相结合。其研究可分 3 类：

1）地理信息系统外部的空间模型分析，这是将地理信息系统当作一个通用的空间数据库，空间模型分析功能要借助于其他软件来实现。

2）地理信息系统内部的空间模型分析。这是试图利用地理信息系统软件来提供空间分析模块以及发展适用于问题解决模型的宏语言，这种方法一般基于空间分析的复杂性与多样性，易于理解和应用，但由于地理信息系统软件所能提供空间分析功能极为有限，这种紧密结合的空间模型分析方法在实际地理信息系统的设计中较少使用。

3）混合型的空间模型分析。其宗旨在于尽可能地利用地理信息系统所提供的功能，同时也充分发挥地理信息系统使用者的能动性。

### 1.3.5 数据显示与输出

数据显示是指中间处理过程和最终结果的屏幕显示。通常用人机对话方式选择显示对象和形式，对于图形数据可根据要素的信息量和密集程度，选择放大或缩小显示。

输出是将 GIS 的产品通过输出设备（包括显示器、绘图机、打印机等）输出。GIS 不仅可以输出全要素地图，还可以根据用户需要，分层输出各种专题地图、各类统计图、图表、数据和报告等。

一个好的地理信息系统应能够提供一种良好的交互式的制图环境，供用户设计、制作出具有高品质的地图产品。

总之，GIS 的基本功能一方面是统一支配相关的海量信息，加快信息的处理速度、节约时间、提高效率，快速响应社会需求，直接创造社会财富；另一方面赢得预测、预报的时间，减少损失，间接获得经济效益。

# 任务 1.4 GIS 的 应 用

随着信息技术的发展和 GIS 理论、技术方法的进步，GIS 的应用已渗透到人类生活的许多方面，成为与空间信息有关各行各业的基本工具。以下简要介绍地理信息系统的一些主要应用方面。

### 1.4.1 测绘与地图制图

地理信息系统技术源于机助制图。地理信息系统技术与遥感（Remote Sensing，RS）、全球导航卫星系统（Global Navigation Satellite System，GNSS，是对中国北斗卫星导航系统 BDS、美国 GPS、俄罗斯 GLONASS、欧盟 Galileo 系统等这些单个卫星导航定位系统的统一称谓）技术在测绘界的广泛应用，为测绘与地图制图带来了一场革命性的变化，集中体现在以下方面：地图数据获取与成图的技术流程发生了根本性的改变；地图的成图周期大大缩短；地图成图精度大幅度提高；地图的品种大大丰富。数字地图、网络地图、电子地图等一批崭新的地图形式为广大用户带来了巨大的应用便利。测绘与地图制图进入了一个崭新的时代。

### 1.4.2 资源管理

资源管理是地理信息系统最基本的职能，主要任务是将各种来源的数据汇集在一起，并通过系统的统计和覆盖分析功能，按多种边界和属性条件，提供区域多种条件组合形式的资源统计和进行原始数据的快速再现。以土地利用类型为例，可以输出不同土地利用类型的分布和面积，按不同高程带划分的土地利用类型，不同坡度区内的土地利用现状，以及不同时期的土地利用变化等，为资源的合理利用、开发和科学管理提供依据。

### 1.4.3　城乡规划

城乡规划中要处理许多不同性质和不同特点的问题，它涉及资源、环境、人口、交通、经济、教育、文化和金融等多个地理变量和大量的数据。地理信息系统的数据库管理有利于将这些数据信息归并到统一系统中，最后进行城市与区域多目标的开发和规划，包括城镇总体规划、城市建设用地适宜性评价、环境质量评价、道路交通规划、公共设施配置，以及城市环境的动态监测等。

### 1.4.4　灾害监测

利用地理信息系统，借助遥感数据，可以有效地进行森林火灾的预测预报、洪水灾情监测和洪水淹没损失的估算，为救灾抢险和防洪决策提供及时准确的信息。如 1994 年的美国洛杉矶大地震，就是利用 ArcInfo 进行灾后应急响应决策支持，成为大都市利用 GIS 技术建立防震减灾系统的成功范例；横滨大地震后，对震后影响作出评估，建立各类数字地图库，如地质、断层、倒塌建筑等图库，把各类图层进行叠置分析得出对应急有价值的信息。该系统的建成使有关机构可以对像神户一样的大都市大地震作出快速响应，最大限度地减少伤亡和损失。

### 1.4.5　环境保护

利用 GIS 技术建立城市环境监测、分析及预报信息系统，为实现环境监测与管理的科学化自动化提供最基本的条件；在区域环境质量现状评价过程中，利用 GIS 技术的辅助，实现对整个区域的环境质量进行客观全面地评价，以反映出区域中受污染的程度以及空间分布状态；在野生动植物保护中的应用，世界野生动物基金会采用 GIS 空间分析功能，帮助世界最大的猫科动物改变它目前濒于灭种的境地。以上这些应用都取得了很好的效果。

### 1.4.6　国防

现代战争的一个基本特点就是"3S"（GIS、GNSS、RS，简称 3S）技术被广泛地运用到从战略构思到战术安排的各个环节。它往往在一定程度上决定了战争的成败。如海湾战争期间，美国国防制图局为战争的需要在工作站上建立了 GIS 与遥感的集成系统，它能用自动影像匹配和自动目标识别技术，处理卫星和高空侦察机实时获得的战场数字影像，及时地将反映战场现状的正射影像叠置到数字地图上，数据直接传送到海湾前线指挥部和五角大楼，为军事决策提供 24 小时的实时服务。

### 1.4.7　宏观决策支持

地理信息系统利用拥有的数据库，通过一系列决策模型的构建和比较分析，为国家宏观决策提供依据。例如系统支持下的土地承载力的研究，可以解决土地资源与人口容量的规划。我国在三峡地区研究中，通过利用地理信息系统和机助制图的方法，建立环境监测系统，为三峡宏观决策提供了建库前后环境变化的数量、速度和演变趋势等可靠的数据。

### 1.4.8　商业与市场

商业设施的建立充分考虑其市场潜力，例如大型商场的建立如果不考虑其他商场的分布、待建区周围居民区的分布和人数，建成之后就可能无法达到预期的市场效益和服务范围。商场销售的品种和市场定位都必须与待建区的人口结构（年龄构成、性别构成、文化水平）、消费水平等结合起来考虑。在区域范围内选择最佳位置，是 GIS 的一个典型应用领域，充分体现了 GIS 的空间分析功能。

### 1.4.9　资源配置

在城市中各种公用设施和救灾减灾中的物资分配，全国范围内的能源保障、粮食供应等都是资源配置问题。GIS 在这类应用中的目标是保证资源最合理配置、发挥最大效益。

总之，地理信息系统越来越成为国民经济各个有关领域必不可少的应用工具，相信它的不断成熟与完善将为社会的进步与发展作出更大的贡献。

# 任务 1.5　GIS　的　发　展

### 1.5.1　国际发展状况

纵观 GIS 的发展，可将地理信息系统发展分为以下几个阶段。

1. 开拓阶段（20 世纪 60 年代）

在 20 世纪 50 年代末和 60 年代初，计算机获得广泛应用以后，它很快就被应用于空间数据的存储和处理，成为地图信息存储和计算处理的装置，将很多地图转换为能被计算机利用的数字形式，出现了地理信息系统的早期雏形。

该阶段地理信息系统的特征是和计算机技术的发展水平联系在一起的，表现在计算机存储能力小，磁带存取速度慢。机助制图能力较强，地学分析功能比较简单，实现了手扶跟踪的数字化方法，可以完成地图数据的拓扑编辑，分幅数据的自动拼接，开创了格网单元的操作方法，发展了许多面向格网的系统。

2. 巩固发展阶段（20 世纪 70 年代）

在 20 世纪 70 年代，计算机发展到第三代，随着计算机技术迅速发展，数据处理速度加快，内存容量增大，而且输入、输出设备比较齐全，推出了大容量直接存取设备——磁盘，为地理数据的录入、存储、检索、输出提供了强有力的手段，特别是人机对话和随机操作的应用，可以通过屏幕直接监视数字化的操作，而且制图分析的结果能很快看到，并可以进行实时的编辑。这时，计算机技术及其在自然资源和环境数据处理中的应用，促使了地理信息系统的迅速发展。地理信息系统在这时受到了政府部门、商业公司和大学的普遍重视。

3. 大发展阶段（20 世纪 80 年代）

由于大规模和超大规模集成电路的问世，出现了第四代计算机，特别是微型计算机和远程通信传输设备的出现为计算机的普及应用创造了条件，加上计算机网络的建立，使地理信息的传输时效得到极大的提高。在系统软件方面，完全面向数据管理的数据库管理系统通过操作系统管理数据、系统软件工具和应用软件工具得到研制，数据处理开始和数学模型、模拟等决策工具结合。地理信息系统的应用领域迅速扩大，从资源管理、环境规划到应急反应，从商业服务区域划分到政治选举分区等，涉及许多的学科与领域。

4. 应用普及阶段（20 世纪 90 年代）

由于计算机的软硬件均得到飞速的发展，网络已进入千家万户，地理信息系统已成为许多机构必备的工作系统，尤其是政府决策部门在一定程度上由于受地理信息系统影响而改变了现有机构的运行方式、设置与工作计划等。另外，社会对地理信息系统认识普遍提高，需求大幅度增加，从而导致地理信息系统应用的扩大与深化。

5. 空间信息网络和云计算阶段（21 世纪初期）

随着 GIS 技术更加广泛和深入的应用，网络环境下的地理空间信息分布式存取、共享与交换、互操作、系统集成等成为新的发展亮点。空间信息网格（Spatial Information Grid, SIG）是一种汇集和共享地理分布海量空间信息资源，对其进行一体化组织与处理，从而具有按需服务能力的空间信息基础设施。云计算（Cloud Computing）是网格的延伸。在技术上，SIG 和云计算是一个分布的网络化环境，可以连接空间数据资源、计算资源、存储资源、处理工具和软件，以及用户能够协同组合各种空间信息资源，完成空间信息的应用与服务。在这个环境中，用户可以提出多种数据和处理的请求，系统能够联合地理分布数据、计算、网络和处理软件等各种资源，协同完成多个用户的请求。

### 1.5.2 我国发展状况

我国地理信息系统方面的工作自 20 世纪 80 年代初开始，以 1980 年中国科学院遥感应用研究所成立全国第一个地理信息系统研究室为标志。在几年的起步发展阶段中，我国地理信息系统在理论探索、硬件配制、软件研制、规范制定、区域试验研究、局部系统建立、初步应用试验和技术队伍培养等方面都取得了进步，积累了经验，为在全国范围内展开地理信息系统的研究和应用奠定了基础。

地理信息系统进入发展阶段的标志是从第七个五年计划开始。地理信息系统研究作为政府行为，正式列入国家科技攻关计划，开始了有计划、有组织、有目标的科学研究、应用实验和工程建设工作。

自 20 世纪 90 年代起，地理信息系统步入快速发展阶段，开始执行地理信息系统和遥感联合科技攻关计划，强调地理信息系统的实用化、集成化和工程化，力图使地理信息系统从初步发展时期的研究实验、局部应用走向实用化和生产化，为国民经济重大问题提供分析和决策依据。

总之，我国的 GIS 与国外相比，起步较晚，但发展势头迅猛，已经形成了初具规模的专业队伍和学术组织，并取得突出的成就，成为国民经济建设普遍使用的工具，并在各行各业发挥着重大作用。

### 1.5.3 GIS 发展趋势

经过五十余年的发展，地理信息系统已经从高校和科研院所的实验室走入了人们生产、生活的各个方面，正以它独特而又强大的功能为人们提供各种地理空间信息服务。随着计算机技术、网络技术的不断发展，地理信息系统在未来还将取得更大的进展。具体来说，地理信息系统技术未来的发展可能主要体现在以下几个方面。

1. 服务领域更加广泛

地理信息系统已在我们今天生活的许多方面都取得了良好的应用，它代替人工完成了海量地理空间信息的存储与处理，快速便捷地为人们完成空间信息和属性信息的查询与检索工作，使过去十分繁重的地图编绘、测绘数据处理等与地理信息相关的工作强度大大降低，效率和质量大大提高。未来随着技术的发展，地理信息系统的服务领域将更加广泛。

目前在我国，地理信息系统在很大程度上依靠政府的推动和企业级用户的使用。在未来，地理信息系统将更加向个人用户普及，通过网络和数字终端（包括个人电脑、掌上电脑、手机以及其他终端），个人用户在吃、穿、住、用、行等各个方面都可以随时得到地理信息系统提供的空间信息服务。地理信息系统将形成政府、企业级和个人三方面用户同时发展，服务领域涵盖政府公共管理、企业业务管理和个人信息服务等各个方面。

2. 服务内容更加丰富

地理信息系统的基础是地理空间信息，地理信息系统所能提供的服务内容受它所存储的信息的约束。随着硬件存储容量的不断提升，软件存储能力的不断提高，网络质量的进一步优化，有线和无线数据传输速度的进一步加快，地理信息的不断丰富，统一地理信息数据格式下的可共享的数据量的增加，以及应用分析模型的不断拓展和更新，地理信息系统的功能会更加强大，能够为人们提供更多更深入的信息服务内容。

3. 服务形式更加开放

地理信息系统所涉及的技术众多，因此大多数的地理信息系统都是开发者开发固定的功能、用户被动使用的模式。未来随着计算机技术和网络技术的发展，地理信息系统将成为更加开放的体系，用户可以通过网络或数字终端根据自我需要和喜好对地理信息系统进行定制，为地理信息系统加上自己需要的内容以及设置为自己喜好的风格。在此种开放的模式下，地理信息系统的发展融入了用户的知识和创新，将大大提高地理信息系统的产品品质和内容丰富度。

综上所述，随着技术的不断发展和应用的不断深入，地理信息系统在未来会发展成为应用更加广泛、内容更加丰富、形式更加开放并能为人们提供更好更多信息服务的信息系统。

# 任务 1.6  GIS 的 软 件 简 介

地理信息系统市场在近几年得到飞速发展，各行各业都广泛使用 GIS 软件开展应用。国际著名 GIS 软件厂商和产品有美国 ESRI 公司开发的 ArcGIS 系列、美国 MapInfo 公司开发的 MapInfo 系列产品、美国 AutoDesk 公司开发 MapGuide 系列产品、美国 Intergraph 公司开发的 GeoMedia 产品。国内也涌现出一批优秀国产 GIS 软件，主要有武汉中地数码科技有限公司开发的 MapGIS、超图集团开发 SuperMap、武大吉奥信息技术有限公司开发的 GeoStar 等。

目前在国内市场占据主导地位的国产 GIS 软件有 MapGIS 和 SuperMap，国际 GIS 软件有 ArcGIS。

## 1.6.1 MapGIS 简介

MapGIS 是武汉中地数码科技有限公司开发的地理信息系统软件，历经二十多年发展，自主核心技术已跻身国际一流行列，是国际 GIS 技术创新领跑者。

MapGIS 是在享有盛誉的地图编辑出版系统的 MapCAD 基础上发展起来的，可对空间数据进行采集、存储、检索、分析和图形表示。MapGIS 包括了 MapCAD 的全部基本制图功能，可以制作具有出版精度的十分复杂的地形图和地质图。同时，它还能将地形数据与各种专业数据进行一体化管理和空间分析查询，从而为多源地学信息的综合分析提供了一个理想的平台。

2018 年 7 月，MapGIS 10.3 发布。MapGIS 10.3 是一个融合了大数据、物联网、云计算、人工智能等先进技术的全空间智能 GIS 平台，将全空间的理念、大数据的洞察、人工智能的感知通过 GIS 的语言，形象化为能够轻松理解的表达方式，实现了超大规模地理数据的存储、管理、高效集成和分析挖掘，在地理空间信息领域为各行业及其应用提供更强的技术支撑。

MapGIS 10 for Desktop（10.3）是一款插件式 GIS 应用与开发的平台软件，具有二维、三维一体化的数据生产、管理、编辑、制图和分析功能，各类数据和资源均可共享到云端，支持插件式和 Objects 开发，快速定制到各应用系统。

1. MapGIS 10 for Desktop（10.3）产品版本

MapGIS 10 for Desktop（10.3）根据用户的伸缩性需求，可分为不同的软件产品进行购买，等级越高的版本提供的功能也越丰富。

MapGIS 10 for Desktop（10.3）功能以插件的形式提供，根据插件的多少分别组成了 MapGIS 10 for Desktop（10.3）制图版、基础版、标准版、高级版。此外，为了满足用户个性化的需求，还提供了定制版（任意插件的组合）产品。用户可根据应用需求选择相应的产品，以减少购买成本。

（1）MapGIS 10 for Desktop（10.3）制图版。MapGIS 10 for Desktop（10.3）制图版是为地图制图而定制的简版 MapGIS 产品，用户可基于此版本进行图形编辑、矢量化、符号化、投影及生成专题图等制图操作。

（2）MapGIS 10 for Desktop（10.3）基础版。MapGIS 10 for Desktop（10.3）基础版，是桌面产品中最基础的版本，主要用于地图数据的处理。它共包括 5 个插件：数据管理插件、工作空间插件、地图编辑插件、版面编辑插件、栅格编辑插件。

（3）MapGIS 10 for Desktop（10.3）标准版。MapGIS 10 for Desktop（10.3）标准版，是桌面产品中最适合地图制图和地图生产的。它可以制作专业、精美的各类地图，可以支持纸质地图的生产，也可以生产全套成熟的网络地图数据，直接用于网络地图的发布。除了包含基础版全部插件外，还包含三维编辑插件、地图瓦片插件、基础数据转换插件。

（4）MapGIS 10 for Desktop（10.3）高级版。MapGIS 10 for Desktop（10.3）高级版，是桌面产品中功能最强大的版本。它包括了所有功能插件，如图 1.4 所示。在可以处理好数据管理、地图制图、地图共享、数据转换之外，增强版有着优秀的空间分析能力。

（5）MapGIS 10 for Desktop（10.3）定制版。MapGIS 10 for Desktop（10.3）定制版，是根据不同用户需求而选择的不同插件的软件版本。它具有良好的伸缩性，可以胜任各种级别的工作。它默认提供数据管理和工作空间两个基础插件。

用户可以根据自己的工作需要，依照各功能插件的描述，选择需要的插件进行安装。高灵活度的桌面定制版，可以有上千种插件组合方式，可以高度关注数据处理，也可以只关心地图制作生产，或是专注空间数据分析，进行科学研究。

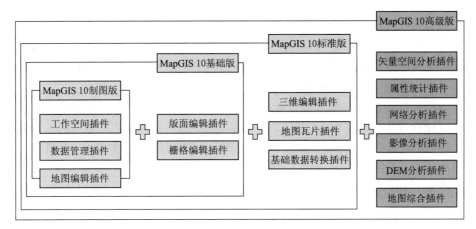

图 1.4　MapGIS 10 for Desktop（10.3）高级版插件组成

MapGIS 10 for Desktop（10.3）定制版，由于自由的组合和无限的可能，适用于各类用户，包括学习者、研究人员、GIS 从业人员或者有特殊功能需求的人员。

2. MapGIS 10 for Desktop（10.3）应用程序

MapGIS 10 for Desktop（10.3）是 MapGIS 产品最核心和基础的部分，是 MapGIS 桌面工具集合，可包含 MapGIS 所有编辑制图、分析处理等 GIS 操作。其界面由以下模块组成：菜单栏、工具条、工作空间、编辑视窗、GDB 数据管理和状态栏，如图 1.5 所示。

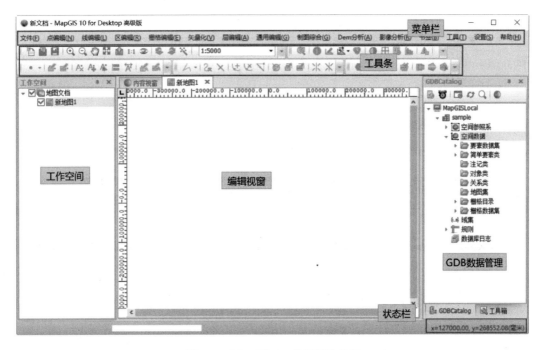

图 1.5　MapGIS 10 高级版的界面

13

3. MapGIS 10 for Desktop（10.3）功能模块

（1）数据管理：数据管理插件是 MapGIS 10 for Desktop（10.3）基础插件之一，所有对数据库文件的操作（如编辑数据库中的点要素类的子图符号）都将依赖于此插件。该插件提供组织和管理各类地理信息的目录窗口、图形展示窗口及属性表视图。当然，也提供了数据转换、查找、统计等常规操作。

（2）编辑处理：包含制图编辑、属性统计、空间分析、不同参照系的相互转换、地图综合和网络分析等功能。

（3）地图制图：包含地图符号化、地图注记、地图版面、快速成图、瓦片裁剪和矢量瓦片等功能。

（4）栅格分析处理：包含栅格可视化、栅格编辑处理、校正、DEM 分析和影像分类等功能。

（5）三维编辑与分析：包含三维可视化表达、三维场景浏览与编辑、数据建模、三维分析和地质切割等功能。

## 1.6.2  SuperMap 简介

SuperMap 是北京超图软件股份有限公司的 GIS 软件品牌。SuperMap GIS 是北京超图软件股份有限公司开发的，具有完全自主知识产权的大型地理信息系统软件平台，包括云 GIS 平台、组件 GIS 开发平台、移动 GIS 开发平台、桌面 GIS 平台、浏览器端 SDK、轻量移动端 SDK 等全系列产品，在跨平台一体化、二维、三维一体化、云端一体化、全国产化支持和大数据等方面具有领先技术优势。其基础软件市场份额已超越国外品牌，位居中国区域第一。软件的版本历程如图 1.6 所示。

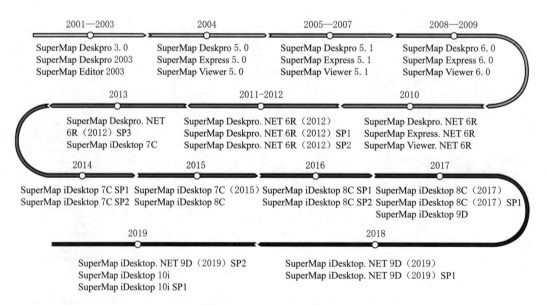

图 1.6  SuperMap 版本历程

最新版本 SuperMap GIS 10i 于 2019 年 10 月发布，该产品融入人工智能技术，创新并构建了 GIS 基础软件"BitCC"五大技术体系，即大数据 GIS、人工智能 GIS、新一代三维 GIS、云原生 GIS 和跨平台 GIS，极大地丰富和革新了 GIS 理论与技术，为各行业信息化赋予更强大的地理智慧。如图 1.7 所示。

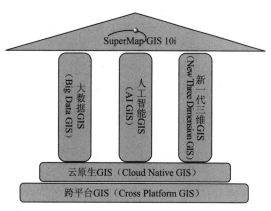

图 1.7 SuperMap GIS 10i 技术体系

SuperMap iDesktop 是 SuperMap GIS 10i 体系中的桌面 GIS 应用与开发软件，具备二维、三维一体化的数据管理与处理、编辑、制图、分析、二维、三维标绘等功能，支持海图，支持在线地图服务访问及云端资源协同共享，提供可视化建模，可用于空间数据的生产、加工、分析和行业应用系统快速定制开发等功能。

### 1.6.3 ArcGIS 简介

1. ESRI 简介

美国环境系统研究所公司（Environmental Systems Research Institute，Inc.，简称 ESRI 公司）是全球地理信息系统领域的领导者，为用户提供最强大的制图和空间分析技术。ESRI 公司从 1969 年创立之初，就一直致力于通过帮助用户挖掘数据的全部潜能以提高其运营及业务能力。今天，ESRI 拥有超过 35 万的用户，遍布全球各大城市，包括大部分的政府单位，75% 的《财富》世界 500 强企业，以及超过 7000 所科研院校。

多年来，ESRI 公司始终将 GIS 视为一门科学，并坚持运用独特的科学思维和方法，紧跟 IT 主流技术，开发出丰富而完整的产品线。公司致力于为全球各行业的用户提供先进的 GIS 技术和全面的 GIS 解决方案。ESRI 其多层次、可扩展、功能强大、开放性强的 ArcGIS 解决方案已经迅速成为提高政府部门和企业服务水平的重要工具。

2. ArcGIS 产品发展历史

1981 年 ESRI 发布了它的第一套商业 GIS 软件——ArcInfo 软件，它可以在计算机上显示诸如点、线、面等地理特征，并通过数据库管理工具将描述这些地理特征的属性数据结合起来。ArcInfo 被公认为第一个现代商业 GIS 系统。

1992 年，ESRI 推出了 ArcView 软件，它使人们用更少的投资就可以获得一套简单易用的桌面制图工具。ArcView 面市 6 个月就在全球销售了 1 万套。同年，ESRI 还发布了 ArcData，它用于发布和出版商业的、即拿即用的高质量数据集，用户可以更快地构建和提升他们的 GIS 应用。

2001 年的 4 月，ESRI 开始推出 ArcGIS 8.1，它是一套基于工业标准的 GIS 软件家族产品，提供了功能强大且简单易用的完整的 GIS 解决方案。

2004 年 4 月，ESRI 推出了 ArcGIS 9，为构建完善的 GIS 系统，提供了一套完整的软件产品。

2006 年，发布 ArcGIS 9.2，它提供了一个以 GIS 服务为核心的强大平台，构建于 IT 标准框架，可以帮助用户更容易的创建、操作和共享地理信息。

2008 年，发布 ArcGIS 9.3，进一步提高了空间信息的管理能力，为掌控地理空间资源提供了更多新的服务和应用，是一个顺应 Web 2.0 时代的企业级 GIS 解决方案。

2009 年，发布 ArcGIS 9.3.1，实现了地图服务的优化，能够创建高性能的动态地图。同时可以方便地共享和搜索地理信息，如地图、数据层以及各种服务。

2010 年，ESRI 推出 ArcGIS 10，并同步发行法语、德语、日语、西班牙语和简体中文版本，这是全球首款支持云架构的 GIS 平台。ArcGIS 10 一举实现了协同 GIS、三维 GIS、时空 GIS、一体化 GIS、云 GIS 等五大飞跃，并以其简单易用、功能强大、性能卓越等特性，成为 ESRI 产品史上新的里程碑。

2013 年 7 月 30 日，正式发布了 ArcGIS 10.2。该产品是 ESRI 又一座里程碑。在 ArcGIS 10.2 中，ESRI 充分利用了信息技术的重大变革来扩大 GIS 的影响力和适用性。新产品在易用性、对实时数据的访问，以及与现有基础设施的集成等方面都得到了极大的改善。

2014 年 12 月 10 日，ArcGIS 10.3 正式发布。ArcGIS 10.3 隆重推出以用户为中心的全新授权模式、超强的三维"内芯"和革新性的桌面 GIS 应用（ArcGIS Pro）。

2016 年 2 月 18 日，ArcGIS 10.4 全新发布，带来了全新可视化功能及体验，企业级 GIS 优化以及众多应用程序。

2019 年 3 月，ArcGIS 10.7 重磅发布，为用户打造了更智能、更强大的地理空间云平台。

3. ArcGIS for Desktop

ArcGIS for Desktop 是 ESRI 公司的 ArcGIS 产品家族中的桌面端软件产品，是为 GIS 专业人士提供的用于信息制作和使用的工具，利用 ArcGIS for Desktop，可以实现任何从简单到复杂的 GIS 任务。

ArcGIS for Desktop 根据用户不同的应用需求提供 3 个级别的独立软件产品，每个级别的产品提供不同层次的功能水平，如图 1.8 所示。

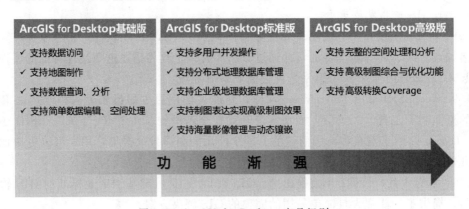

图 1.8　ArcGIS for Desktop 产品级别

（1）ArcGIS for Desktop 基础版：提供了综合性的数据使用、制图、分析，以及简单的数据编辑和空间处理工具。

（2）ArcGIS for Desktop 标准版：在 ArcGIS Desktop 基础版的功能基础上，增加了对 Shapefile 和 Geodatabase 的高级编辑和管理功能。

（3）ArcGIS for Desktop 高级版：是一个旗舰式的 GIS 桌面产品，在 ArcGIS for Desktop 标准版的基础上，扩展了复杂的 GIS 分析功能和丰富的空间处理工具。

ArcGIS for Desktop 为 3 个层次产品都提供了一系列的扩展模块，使得用户可以实现高级分析功能，例如栅格空间处理和三维分析功能。这些模块，根据功能通常被划分为 3 类：

1）分析类：ArcGIS 3D Analyst、ArcGIS Spatial Analyst、ArcGIS Network Analyst、ArcGIS Geostatistical Analyst、ArcGIS Schematics、ArcGIS Tracking Analyst、Business Analyst Online Reports Add – in。

2）生产类：ArcGIS Data Interoperability、ArcGIS Data Reviewer、ArcGIS Publisher、ArcGIS Workflow Manager、ArcScan for ArcGIS、Maplex for ArcGIS。

3）解决方案类：ArcGIS Defense Solutions、ArcGIS for Aviation、ArcGIS for Maritime、ESRI Defense Mapping、ESRI Production Mapping、ESRI Roads and Highways。

4. ArcGIS for Desktop 应用程序

ArcGIS for Desktop 包含了一套带有用户界面的 Windows 应用程序，包括：

（1）ArcMap：是主要的应用程序，具有基于地图的所有功能，包括地图制图、数据分析和编辑等，如图 1.9 所示。

图 1.9  ArcMap 界面

（2）ArcCatalog：是地理数据的资源管理器，帮助用户组织和管理所有的 GIS 信息，比如地图、数据集、模型、元数据、服务等，如图 1.10 所示。

（3）ArcScene 和 ArcGlobe：是适用于 3D 场景下的数据展示、分析等操作的应用程序，如图 1.11 和图 1.12 所示。

（4）ArcToolbox 和 ModelBuilder：ArcToolbox 是地理数据处理工具的集合，功能强大，涵盖三维分析、网络分析、编辑工具、分析工具等功能，如图 1.13 所示。ModelBuilder 是一个用来创建、编辑和管理模型的应用程序。模型是将一系列地理处理工具串联在一起的工作流，它将其中一个工具的输出作为另一个工具的输入，也可以将模型构建器看成是用于构建工作流的可视化编程语言，如图 1.14 所示。

图 1.10　ArcCatalog 界面

图 1.11　ArcScene 界面

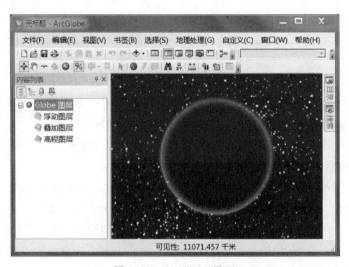

图 1.12　ArcGlobe 界面

图 1.13　ArcToolbox 界面

图 1.14　ModelBuilder 界面

**5. ArcGIS for Desktop 主要功能**

ArcGIS for Desktop 的主要功能包含以下几方面。

（1）空间分析：ArcGIS for Desktop 包含数以百计的空间分析工具，这些工具可以将数据转换为信息，以及进行许多自动化的 GIS 任务。例如，计算密度和距离、高级统计分析、进行叠置和邻近分析、创建复杂的地理处理模型、表达表面和进行表面分析。

（2）数据管理：支持 130 余种数据格式的直接读取、80 余种数据格式的转换，可以轻松集成所有类型的数据，并进行可视化和分析。提供了一系列用于几何数据、属性表、元数据管理、创建以及组织的工具。允许浏览和查找地理信息，记录、查看和管理元数据，定义、导出和导入 Geodatabase（地理数据库）数据模型和数据集，创建和管理 Geodatabase 模型，在本地网络和 Web 上查找 GIS 数据。

（3）制图和可视化：无须复杂设计就能够生产高质量地图，在 ArcGIS for Desktop 中可以使用：大量的符号库、简单向导和预定义的地图模板、成套的大量地图元素和图形、高级的绘图工具、图形、报表和动画要素、一套综合的专业制图工具。

（4）高级编辑：使用强大的编辑工具，可以降低数据的操作难度并形成自动化的工作流。高级编辑和坐标几何（COGO）工具能够简化数据的设计、输入和清理。支持多用户编辑，可使多用户同时编辑 Geodatabase，这样便于部门、组织以及外出人员之间进行数据分享。

（5）地理编码：从简单的数据分析，到商业和客户管理的分布技术，都是地理编码的广泛应用。使用地理编码地址，可以显示地址的空间位置，并认识到信息中事物的模式。这些功能通过在 ArcGIS for Desktop 进行简单的信息查看，或使用一些分析工具就可以实现。

（6）地图投影：诸多投影和地理坐标系统的选择，可以将来源不同的数据集合并到共同的框架中。可以轻松融合数据、进行各种分析操作，并生产出极其精确、具有专业品质的地图。

（7）高级影像：ArcGIS for Desktop 有许多方法可以对影像数据（栅格数据）进行处理，可以使用它作为背景（底图）分析其他数据层，可将不同类型规格的数据应用到影像数据集，或参与影像数据分析。

（8）数据共享：在 ArcGIS for Desktop 中，用户不用离开 ArcMap 界面就可以充分使用 ArcGIS Online 导入底图、搜索数据或要素，向个人或工作组共享信息。

（9）可定制：在 ArcGIS for Desktop 中，使用 Python、.NET、Java 等语言通过 Add-in 或调用 ArcObjects 组件库的方式来添加和移除按钮、菜单项、停靠工具栏等，能够轻松定制用户界面。或者，使用 ArcGIS Engine 开发定制 GIS 桌面应用。

## 任务 1.7　GIS 岗位分析

根据我们与合作企业共同研制的工程测量技术专业的职业能力分析报告，得到与地理信息技术相关的工作岗位主要有 GIS 数据采集、GIS 数据处理、GIS 空间分析、GIS 产品输出和 GIS 技术应用等。为此，基于实际的工作过程，整合学习内容，最终凝练成 6 个学习模块，如表 1.1 所示。

**表 1.1　　　　　　　　　　GIS 工作岗位与职业能力分析表**

| 序号 | 工作岗位 | 职 业 能 力 | 学 习 模 块 |
|---|---|---|---|
| 1 | GIS 数据采集 | 1. 能认识 GIS 的构成<br>2. 会操作 GIS 软件 | 模块 1　GIS 基本知识<br>模块 2　空间数据采集 |
| 2 | GIS 数据处理 | 1. 能进行图形数据采集<br>2. 能进行属性数据采集<br>3. 会控制空间数据质量 | 模块 3　空间数据处理 |
| 3 | GIS 空间分析 | 1. 会进行空间数据查询<br>2. 会进行缓冲区分析<br>3. 会进行叠置分析<br>4. 会进行 DEM 分析<br>5. 会进行网络分析 | 模块 4　空间分析 |
| 4 | GIS 产品输出 | 1. 会选择 GIS 产品的输出方式<br>2. 能对 GIS 产品进行输出<br>3. 能对地图进行设计 | 模块 5　GIS 产品输出 |
| 5 | GIS 技术应用 | 1. 举例说明 3S 集成技术应用方法<br>2. 举例说明 GIS 在行业中的应用 | 模块 6　GIS 技术应用 |

## 职 业 能 力 训 练 大 纲

**1. 实训目的**

通过 GIS 软件的实例演示和基本操作，初步掌握主要菜单、工具栏、按钮等的使用，加深对课堂学习的 GIS 基本概念、构成和基本功能的理解。

2．实训内容

（1）GIS 在计算机硬件系统、计算机软件系统、空间数据、地学模型和管理与应用人员组成情况。

（2）GIS 软件在数据采集与输入、数据编辑与更新、数据存储与管理、空间查询与分析、数据显示与输出等方面的功能。

3．实训方法

通过对已有的输入、处理和输出设备、空间数据以及 GIS 人员的认识，掌握 GIS 的构成。打开 GIS 软件，点击各类菜单、工具条和按钮，熟悉 GIS 的基本功能。

# 扩展阅读　中国北斗卫星导航系统

中国北斗卫星导航系统（BeiDou Navigation Satellite System，BDS）是我国着眼于国家安全和经济社会发展需要，自主建设、独立运行的卫星导航系统，是为全球用户提供全天候、全天时、高精度的定位、导航和授时服务的国家重要空间基础设施。

随着北斗系统建设和服务能力的发展，相关产品已广泛应用于交通运输、海洋渔业、水文监测、气象预报、测绘地理信息、森林防火、电力调度、救灾减灾、应急搜救等领域，逐步渗透到人类社会生产和人们生活的方方面面，为全球经济和社会发展注入新的活力。

北斗的建设者以高度的政治责任感、历史使命感、时代紧迫感，结合国情军情实际，创造性地提出利用两颗地球同步静止轨道卫星和地面数字高程模型，构建卫星无线电导航业务（Radio Navigation Satellite System，RNSS），首先解决有源技术体制下的卫星 RNSS 急需，这是我国卫星导航建设"三步走"战略的第一步。1985 年至 1994 年，是我国自主卫星导航系统的演示论证期，完成了原理论证和演示验证。1994 年至 2002 年，是北斗卫星导航实验系统研制建设期，2003 年 12 月，系统正式开通运行，我国成为世界上第三个拥有自主卫星导航系统的国家，开始了北斗指路的时代。2004 年，北斗区域卫星导航系统正式立项，到 2012 年，已完成了全部 16 颗卫星的发射，建成了覆盖亚太区域、拥有区域无源服务能力的北斗区域卫星导航系统。2020 年 3 月 9 日，第五十四颗北斗导航卫星于西昌卫星发射中心由长征三号乙运载火箭发射成功。表 1.2 显示了北斗卫星的发射信息。

表 1.2　　　　　　　　　　　北 斗 卫 星 发 射 列 表

| 发　射　时　间 | 火　箭 | 卫　星　编　号 | 卫星类型 | 发射地点 |
|---|---|---|---|---|
| 2000 - 10 - 31 | 长征三号甲 | 北斗 - 1A | 北斗一号 | 西昌 |
| 2000 - 12 - 21 | 长征三号甲 | 北斗 - 1B | | |
| 2003 - 05 - 25 | 长征三号甲 | 北斗 - 1C | | |
| 2007 - 02 - 03 | 长征三号甲 | 北斗 - 1D | | |
| 2007 - 04 - 14　04：11 | 长征三号甲 | 第一颗北斗导航卫星（M1） | 北斗二号 | |
| 2009 - 04 - 15 | 长征三号丙 | 第二颗北斗导航卫星（G2） | | |
| 2010 - 01 - 17 | | 第三颗北斗导航卫星（G1） | | |
| 2010 - 06 - 02 | | 第四颗北斗导航卫星（G3） | | |

| 发 射 时 间 | 火 箭 | 卫 星 编 号 | 卫星类型 | 发射地点 |
|---|---|---|---|---|
| 2010 – 08 – 01　05：30 | 长征三号甲 | 第五颗北斗导航卫星（I1） | | |
| 2010 – 11 – 01　00：26 | 长征三号丙 | 第六颗北斗导航卫星（G4） | | |
| 2010 – 12 – 18　04：20 | | 第七颗北斗导航卫星（I2） | | |
| 2011 – 04 – 10　04：47 | 长征三号甲 | 第八颗北斗导航卫星（I3） | | |
| 2011 – 07 – 27　05：44 | | 第九颗北斗导航卫星（I4） | | |
| 2011 – 12 – 02　05：07 | | 第十颗北斗导航卫星（I5） | | |
| 2012 – 02 – 25　00：12 | 长征三号丙 | 第十一颗北斗导航卫星 | | |
| 2012 – 04 – 30　04：50 | 长征三号乙 | 第十二、十三颗北斗导航系统组网卫星 | | |
| 2012 – 09 – 19　03：10 | 长征三号乙 | 第十四、十五颗北斗导航系统组网卫星 | 北斗二号 | |
| 2012 – 10 – 25　23：33 | 长征三号丙 | 第十六颗北斗导航卫星 | | |
| 2015 – 03 – 30　21：52 | 长征三号丙 | 第十七颗北斗导航卫星 | | |
| 2015 – 07 – 25　20：29 | 长征三号乙 | 第十八、十九颗北斗导航卫星 | | |
| 2015 – 09 – 30　07：13 | 长征三号乙 | 第二十颗北斗导航卫星 | | |
| 2016 – 02 – 01　15：29 | 长征三号丙 | 第二十一颗北斗导航卫星 | | |
| 2016 – 03 – 30　04：11 | 长征三号甲 | 第二十二颗北斗导航卫星（备份星） | | |
| 2016 – 06 – 12　23：30 | 长征三号丙 | 第二十三颗北斗导航卫星（备份星） | | |
| 2018 – 07 – 10　04：58 | 长征三号甲 | 第三十二颗北斗导航卫星（备份星） | | 西昌 |
| 2017 – 11 – 05　19：45 | 长征三号乙 | 第二十四、二十五颗北斗导航卫星 | | |
| 2018 – 01 – 12　07：18 | 长征三号乙 | 第二十六、二十七颗北斗导航卫星 | | |
| 2018 – 02 – 12　12：03 | 长征三号乙 | 第二十八、二十九颗北斗导航卫星 | | |
| 2018 – 03 – 30　01：56 | 长征三号乙 | 第三十、三十一颗北斗导航卫星 | | |
| 2018 – 07 – 29　09：48 | 长征三号乙 | 第三十三、三十四颗北斗导航卫星 | | |
| 2018 – 08 – 25　07：52 | 长征三号乙 | 第三十五、三十六颗北斗导航卫星 | | |
| 2018 – 09 – 19　22：07 | 长征三号乙 | 第三十七、三十八颗北斗导航卫星 | | |
| 2018 – 10 – 15　12：23 | 长征三号乙 | 第三十九、四十颗北斗导航卫星 | 北斗三号 | |
| 2018 – 11 – 01　23：57 | 长征三号乙 | 第四十一颗北斗导航卫星 | | |
| 2018 – 11 – 19　02：07 | 长征三号乙 | 第四十二、四十三颗北斗导航卫星 | | |
| 2019 – 04 – 20　22：41 | 长征三号乙 | 第四十四颗北斗导航卫星 | | |
| 2019 – 05 – 17　23：48 | 长征三号丙 | 第四十五颗北斗导航卫星（备份星） | | |
| 2019 – 06 – 25　02：09 | 长征三号乙 | 第四十六颗北斗导航卫星 | | |
| 2019 – 09 – 23　05：10 | 长征三号乙 | 第四十七、四十八颗北斗导航卫星 | | |
| 2019 – 11 – 05　01：43 | 长征三号乙 | 第四十九颗北斗导航卫星 | | |
| 2019 – 11 – 23　08：55 | 长征三号乙 | 第五十、五十一颗北斗导航卫星 | | |
| 2019 – 12 – 16　15：22 | 长征三号乙 | 第五十二、五十三颗北斗导航卫星 | | |
| 2020 – 03 – 09　19：55 | 长征三号乙 | 第五十四颗北斗导航卫星 | | |

　　我国积极培育北斗系统的应用开发，打造由基础产品、应用终端、应用系统和运营服务构成的产业链，持续加强北斗产业保障、推进和创新体系建设，不断改善产业环境，扩大应用规模，实现融合发展，提升卫星导航产业的经济和社会效益。

　　北斗系统提供服务以来，已在交通运输、农林渔业、水文监测、气象测报、电力调度、救灾减灾、公共安全等领域得到广泛应用，融入国家核心基础设施，产生了显著的经济效益和社会效益。北斗系统大众服务发展前景广阔。基于北斗的导航服务已被电子商务、移动智能终端制造、位置服务等厂商采用，广泛进入中国大众消费、共享经济和民生领域，深刻改变着人们的生产生活方式。

# 复 习 思 考 题

1. 简述 GIS 的发展历史及其发展趋势。
2. GIS 有哪些基本功能？
3. 简述 GIS 的组成及各部分的作用。
4. 与 GIS 的相关学科有哪些？
5. 举例说明 GIS 的应用领域。
6. 列举国内外常用的应用型 GIS 软件，并论述其主要特点。

# 模块 2  空间数据采集

【模块概述】

GIS 处理的对象是空间数据，因此空间数据的采集成为 GIS 的基础性工作，包括数据的来源和每种数据源的获取方式等。数据源不同，数据存在的类型和格式也不同。在数据的获取过程中也会不同程度地存在错误和误差，所以学习空间数据质量评价与控制也是至关重要的。

【学习目标】

1. 知识目标：

(1) 掌握空间数据的来源。

(2) 掌握各种空间数据的采集方法。

(3) 掌握属性数据的采集方法。

(4) 掌握空间数据质量评价与控制。

2. 技能目标：

(1) 能利用仪器设备采集空间数据。

(2) 会矢量化已有地图数据。

(3) 会采集属性数据。

3. 态度目标：

(1) 具有吃苦耐劳精神和勤俭节约作风。

(2) 具有爱岗敬业的职业精神。

(3) 具有良好的职业道德和团结协作能力。

(4) 具有独立思考和解决问题的能力。

## 任务 2.1  GIS 数据源

地理信息系统的数据源是指建立地理信息系统数据库所需要的各种类型数据的来源。在实际操作中，数据源多种多样，并且随着系统功能和应用领域的不同而不同，大体有以下几种。

### 2.1.1  地图

各种类型的地图是 GIS 最主要的数据源，因为地图是地理数据的传统描述形式，是具有共同参考坐标系统的点、线、面的二维平面形式的表示，内容丰富，图上实体间的空间关系直观，而且实体的类别或属性可以用各种不同的符号加以识别和表示。我国大多数的 GIS 系统其图形数据大部分都来自地图。

但由于地图还存在以下一些缺点，在对其应用时须加以注意。

（1）地图存储介质的缺陷。由于地图多为纸质，其存放条件的不同，会产生不同程度的变形，具体应用时，须对其进行纠正。

（2）地图现势性较差。由于传统地图更新需要的周期较长，造成现存地图的现势性不能完全满足实际的需要。

（3）地图投影的转换。由于地图投影的存在，使得对不同地图投影的地图数据进行交流前，须先进行地图投影的转换。

### 2.1.2 遥感影像数据

遥感影像是 GIS 中一个极其重要的信息源，如图 2.1 所示。特别是在进行大区域研究与分析时，它的优势非常明显。GIS 通过遥感影像可以快速、准确地获得大面积的、综合的各种专题信息，航天遥感影像还可以取得周期性的资料，这些都为 GIS 提供了丰富的信息。

图 2.1　遥感影像

随着遥感技术的不断发展，遥感数据在 GIS 中的地位越来越重要，它为 GIS 源源不断地提供大量实时、动态、高分辨率的影像数据。但是因为每种遥感影像都有其自身的成像规律、变形规律，所以在应用中要注意影像的纠正、影像的分辨率、影像的解译特征等方面的问题。

### 2.1.3 统计数据

国民经济的各种统计数据也常常是 GIS 的数据源，如人口数量、人口构成、国民生产总值等。全国统计数据一般由国家政府机关提供，有些专题数据也可由其他政府部门或科研机构提供，在应用中需要区别对待，见表 2.1。

表 2.1 广州市 2018 年末常住人口和城镇化率

| 地区 | 常住人口/万人 | 城镇化率/% |
|---|---|---|
| 广州市 | 1490.44 | 86.38 |
| 荔湾区 | 97.00 | 100.00 |
| 越秀区 | 117.89 | 100.00 |
| 海珠区 | 169.36 | 100.00 |
| 天河区 | 174.66 | 100.00 |
| 白云区 | 271.43 | 81.02 |
| 黄埔区 | 111.41 | 91.65 |
| 番禺区 | 177.70 | 89.13 |
| 花都区 | 109.26 | 68.80 |
| 南沙区 | 75.17 | 72.79 |
| 从化区 | 64.71 | 45.08 |
| 增城区 | 121.85 | 73.10 |

### 2.1.4 实测数据

在没有所需的地图或遥感影像数据的情况下，就需要通过野外全站仪测量的数据或使用 GNSS 接收机采集的数据作为 GIS 的数据源。测量前，需预选出地面上若干个重要点作为控制点，精确地测算出他们的平面位置和高程，以此作为控制和依据，详细测量其他地面各点或地理实体及其空间特征点的平面位置和高程。

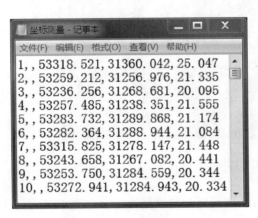

图 2.2  坐标测量数据文件

各种实测数据特别是一些 GNSS 点位数据、地籍测量数据常常是 GIS 的一个十分准确和时效性强的资料，如图 2.2 所示。

### 2.1.5 数字数据

目前，随着各种专题图件的制作和各种 GIS 系统的建立，直接获取数字图形数据和属性数据的可能性越来越大。数字数据也成为 GIS 信息源不可缺少的一部分，但对数字数据的采用需注意数据格式的转换和数据精度、可信度的问题。当前应用最为广泛的数字数据主要有 4 种类型：DEM、DOM、DLG 和 DRG，统称为 4D 数据。

（1）DEM（Digital Elevation Model，数字高程模型）是在一定范围内通过规则格网点描述地面高程信息的数据集，用于反映区域地貌形态的空间分布。数字高程模型是国家基础地理信息数字成果的主要组成部分。

由于 DEM 描述的是地面高程信息，因此它在测绘、水文、气象、地貌、地质、土壤、工程建设、通信、军事等国民经济和国防建设以及人文和自然科学领域有着广泛的应用。

（2）DOM（Digital Orthophoto Map，数字正射影像图）是对航空（航天）像片进

行数字微分纠正和镶嵌，按一定图幅范围裁剪生成的数字正射影像集。它是同时具有地图几何精度和影像特征的图像。

DOM 具有精度高、信息丰富、直观逼真、获取快捷等优点，可作为地图分析背景控制信息，可从中提取自然资源和社会经济发展的历史信息或最新信息，为防治灾害和公共设施建设规划等应用提供可靠依据；也可从中提取和派生新的信息，实现地图的修测更新。

（3）DLG（Digital Line Graphic，数字线划图）是以点、线、面形式或地图特定图形符号形式表达地形要素的地理信息矢量数据集。点要素在矢量数据中表示为一组坐标及相应的属性值；线要素表示为一串坐标值及相应的属性值；面要素表示为首尾点重合的一串坐标值及相应的属性值。数字线划图是国家基础地理信息数字成果的主要组成部分。

DLG 是一种更为方便的集放大、漫游、查询、检查、量测、叠加地图于一体的数据集。其数据量小，便于分层，能快速地生成专题地图。此数据能满足地理信息系统进行各种空间分析要求，可视其为带有智能的数据；还可随机地进行数据选取和显示，与其他几种产品叠加，便于分析和决策。DLG 的技术特征为：地图地理内容、分幅、投影、精度、坐标系统与同比例尺地形图一致。其图形输出为矢量格式。

（4）DRG（Digital Raster Graphic，数字栅格地图）是根据现有纸质、胶片等地形图经扫描和几何纠正及色彩校正后，形成在内容、几何精度和色彩上与地形图保持一致的栅格数据集。

DRG 可作为背景用于数据参照或修测拟合其他地理相关信息；用于数字线划图（DLG）的数据采集、评价和更新；还可与数字正射影像图（DOM）、数字高程模型（DEM）等数据信息集成使用，派生出新的可视信息，从而提取、更新地图数据，绘制纸质地图。

### 2.1.6　各种文字报告和立法文件

各种文字报告和立法文件多应用在一些管理类的 GIS 系统中，如在城市规划管理信息系统中，各种城市管理法规及规划报告在规划管理工作中起着很大的作用。

对于一个多用途或综合型的系统，一般都要建立一个大而灵活的数据库，以支持其非常广泛的应用范围；对于专题型和区域型统一的系统，数据类型与系统功能之间要具有非常密切的关系。

# 任务 2.2　图 形 数 据 采 集

数据采集就是运用各种技术手段，通过各种渠道收集数据的过程。服务于地理信息系统的数据采集工作包括两方面内容：空间数据的采集和属性数据的采集。它们在过程上有很多不同，但也有一些具体方法是相通的。空间数据主要是指图形实体数据，空间数据输入则是通过各种输入设备完成图数转化的过程，将图形信号离散成计算机所能识别和处理的数字化数据的过程。通常 GIS 中用到的图形数据类型，包括各种纸质地图及扫描文件、航空航天影像数据和点采样数据等。

图形数据的采集是一个非常繁琐而重要的过程，其精度直接决定了地理数据乃至整个系统的精度和准确度。由于 GIS 数据种类繁多，精度要求高而且相当复杂，加上计算机发展水平的限制，在相当长的时期内，手工输入仍然是主要的数据输入手段。一般情况下，数据采集和输入的工作量占整个系统工作量的一半以上。

图形数据的采集主要通过野外数据采集、现有地图数字化、摄影测量方法、遥感图像处理方法等来完成。

### 2.2.1 野外数据采集

野外数据采集是 GIS 数据采集的一个基础手段。对于大比例尺的城市地理信息系统而言，野外数据采集更是主要手段。

#### 1. 平板测量

平板测量获取的是非数字化数据。平板测量包括小平板测量和大平板测量，测量的产品都是纸质地图。在传统的大比例尺地形图的生产过程中，一般在野外测量绘制铅笔草图，然后用小笔尖转绘在聚酯薄膜上，之后可以晒成蓝图提供给用户使用。当然也可以对铅笔草图进行手扶跟踪或扫描数字化使平板测量结果转变为数字数据。平板测量过程如图2.3 所示。

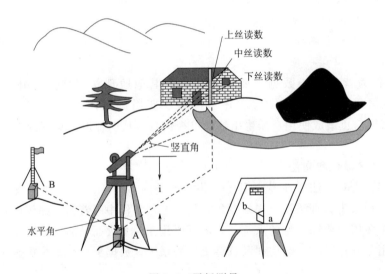

图 2.3 平板测量

#### 2. 全野外数字测图

全野外数据采集设备是全站仪加电子手簿或电子平板配以相应的采集和编辑软件，作业分为编码和无码两种方法。

全野外数据采集测量工作包括图根控制测量、测站点的增补和地形碎部点的测量。采用全站仪进行观测，用电子手簿记录观测数据或经计算后的测点坐标。每一个碎部点的记录，通常有点号、观测值或坐标，除此以外还有与地图符号有关的编码以及点之间的连接关系码。这些信息码以规定的数字代码表示。信息码的输入可在地形碎部测量的同时进行，即观测每一碎部点后按草图输入碎部点的信息码。地图上的地理名称及其他各种注记，其中一部分根据信息码由计算机自动处理，不能自动注记的需要在草图上注明，在内业通过人机交互编辑进行注记。

全野外空间数据采集与成图分为 3 个阶段：数据采集、数据处理和地图数据输出。数据采集是在野外利用全站仪等仪器测量特征点，并计算其坐标，赋予代码，明确点的连接关系和符号化信息。数据处理是在数据采集以后到图形输出之前对图形数据的各种处理，包括建立符号库、数据预处理、文字注记、图像裁剪和图幅接边等。地图数据输出是编制和输出各种专题地图，以满足不同用户的需要。

3. 空间定位测量

空间定位测量也是 GIS 空间数据的主要数据源。目前，常用的全球导航卫星系统有美国的全球定位系统（Global Positioning System，GPS），俄罗斯的 GLONASS 全球导航卫星系统，以及欧洲的伽利略（GALILEO）导航卫星系统。我国的北斗导航卫星系统（BDS）也在逐步完善之中，它必将给我国用户提供快速、高精度的定位服务，也必将给我国范围内 GIS 空间数据提供更为丰富、高效的空间定位数据。GNSS 接收机如图 2.4所示。

图 2.4　GNSS 接收机

GNSS 自其建立以来，因其方便快捷和较高的精度，迅速在各个行业和部门得到了广泛的应用。它从一定程度上改变了传统野外测绘的实施方式，并成为 GIS 数据采集的重要手段，在许多应用型 GIS 中都得到了应用，如车载导航系统。

## 2.2.2　地图数字化

地图数字化是指根据现有纸质地图，通过手扶跟踪或扫描矢量化的方法，生产出可在计算机上进行存储、处理和分析的数字化数据。

1. 手扶跟踪数字化

早期，地图数字化所采用的工具是手扶跟踪数字化仪。这种设备是利用电磁感应原理，当使用者在电磁感应板上移动游标到图件的指定位置，按动相应的按钮时，电磁感应板周围的多路开关等线路可以检测出最大信号的位置，从而得到该点的坐标值，如图 2.5所示。这种方式数字化的速度比较慢，工作量大，自动化程度低，数字化精度与作业员的操作有很大关系，所以目前基本上已不再采用。

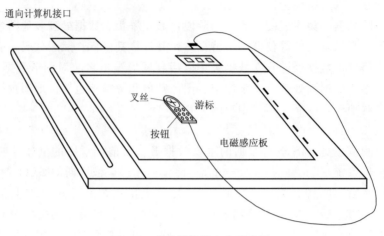

图 2.5　手扶跟踪数字化示意图

2. 扫描矢量化

随着计算机软件和硬件功能的日益强大，经济成本的逐渐降低，空间数据获取成为 GIS 项目中最主要的成分。由于手扶跟踪数字化需要大量的人工操作，使得它成为以数字为主体的应用项目瓶颈。扫描技术的出现无疑为空间数据录入提供了有力的工具。

常见的地图扫描处理的过程如图 2.6 所示。由于扫描仪扫描幅面一般小于地图幅面，因此大的纸质地图需先分块扫描，然后进行相邻图对接；当显示终端分辨率及内存有限时，拼接后的数字地图还要裁剪成若干个归一化矩形块，对每个矩形块进行矢量化处理后生成便于编辑处理的矢量地图，最后把这些矢量化的矩形图块合成为一个完整的矢量电子地图，并进行修改、标注、计算和漫游等编辑处理。

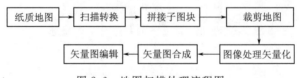

图 2.6　地图扫描处理流程图

### 2.2.3　摄影测量方法

摄影测量是指根据在飞行器上拍摄的地面像片，获取地面信息，测绘地形图，如图 2.7 所示。摄影是快速获取地理信息的重要技术手段，是测制和更新国家地形图以及建立地理信息数据库的重要资料源。摄影测量技术曾经在我国基本比例尺地形图生产过程中扮演了重要角色，我国绝大部分 1∶1 万和 1∶5 万基本比例尺地形图使用了摄影测量方法。随着数字摄影测量技术的推广，在 GIS 空间数据采集的过程中，摄影测量也起着越来越重要的作用。

1. 摄影测量原理

摄影测量包括地面摄影测量和航空摄影测量。地面摄影测量一般采用倾斜摄影或交向摄影，航空摄影一般采用垂直摄影。摄影机镜头中心垂直于聚焦平面（胶片平面）的连线称为相机的主轴线。航空摄影测量（以下简称航测）上规定当主轴线与铅垂线方向的夹角

图2.7 航空飞机拍摄

小于3°时为垂直摄影。摄影测量通常采用立体摄影测量方法采集某一地区空间数据，对同一地区同时摄取两张或多张重叠的像片，在室内的光学仪器上或计算机内恢复它们的摄影方位，重构地形表面，即把野外的地形表面搬到室内进行观测。飞机沿航线摄影时，相邻像片之间或相邻航线之间所保持的影像重叠程度（前者称为航向重叠度，后者称为旁向重叠度）以像片重叠部分的长度与像幅长度之比的百分数表示。为满足航测成图的要求，一般规定：航向重叠度为60%，最少不得少于53%；旁向重叠度为30%，最少不得少于15%；当地形起伏较大时，还需要增加因地形影响的重叠百分数，如图2.8所示。

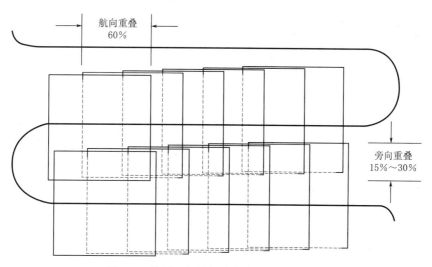

图2.8 航摄飞行的航向与旁向重叠示意图

**2. 数字摄影测量的数据处理流程**

数字摄影测量一般指全数字摄影测量。它是基于数字影像与摄影测量的基本原理，应用计算机技术、数字影像处理、影像匹配、模式识别等多学科的理论与方法提取所摄对象，用数字方式表达的集合与物理信息的摄影测量方法。

数字摄影测量是摄影测量发展的全新阶段，与传统摄影测量不同的是，数字摄影测量所处理的原始影像是数字影像。数字摄影测量继承立体摄影测量和解析摄影测量的原理，同样需要内定向、相对定向和绝对定向。不同的是数字摄影测量直接在计算机内建立立体模型。由于数字摄影测量的影像已经完全实现了数字化，数据处理在计算机内进行，所以可以加入许多人工智能的算法，使它进行自动内定向、自动相对定向、半自动绝对定向。不仅如此，还可以进行自动相关、识别左右像片的同名点、自动获取数字高程模型，进而生产数字正射影像。还可以加入某些模式识别的功能，自动识别和提取数字影像上的地物目标。

3. 倾斜摄影测量技术

倾斜摄影测量技术是国际测绘领域近些年发展起来的一项高新技术。它颠覆了以往正射影像只能从垂直角度拍摄的局限，通过在同一飞行平台上搭载多台传感器，同时从一个垂直、四个倾斜等五个不同的角度采集影像，将用户引入了符合人眼视觉的真实直观世界，如图 2.9 所示。

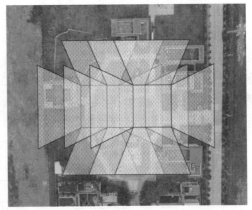

图 2.9　倾斜摄影测量技术

倾斜摄影测量技术不仅能够真实地反映地物情况，高精度地获取地物纹理信息，还可通过先进的定位、融合、建模等技术，生成真实的三维城市模型。该技术在欧美等发达国家已经广泛应用于应急指挥、国土安全、城市管理、房产税收等领域。

倾斜摄影测量技术以大范围、高精度、高清晰的方式全面感知复杂场景，通过高效的数据采集设备及专业的数据处理流程生成的数据成果直观反映出地物的外观、位置、高度等属性，为真实效果和测绘级精度提供保证。同时有效提升模型的生产效率，如采用人工建模方式需一两年才能完成的一个中小城市建模工作，通过倾斜摄影建模方式只需要三至五个月时间即可完成，这样大大降低了三维模型构建的经济代价和时间代价。目前，国内外已广泛开展倾斜摄影测量技术的应用，倾斜摄影建模数据也逐渐成为城市空间数据框架的重要内容。

## 2.2.4　遥感图像处理

遥感是在不直接接触的情况下，对目标物或自然现象远距离感知的一门探测技术。任何物体都具有光谱特性，具体地说，它们都具有不同的吸收、反射、辐射光谱的性能。在同一光谱区各种物体反映的情况不同，同一物体对不同光谱的反映也有明显差别。即使是同一物体，在不同的时间和地点，由于太阳光照射角度不同，它们反射和吸收的光谱也各不相同。遥感就是根据这些原理，对物体作出判断。

遥感是以航空摄影技术为基础，在 20 世纪 60 年代初发展起来的一门新兴技术。遥感技术最初应用在航空领域，1972 年美国发射了第一颗陆地卫星，这标志着航天遥感时代的开始。经过几十年的迅速发展，成为一门实用先进的空间探测技术。

将遥感技术与计算机技术结合，使遥感制图从目视解译走向计算机化的轨道，并为 GIS 的地图更新、研究环境因素随时间变化情况提供了技术支持，也是 GIS 获取数据的一个重要手段。

地面接收太阳辐射，地表各类地物对其反射的特性各不相同，搭载在卫星上的传感器捕捉并记录这种信息，之后将数据传输回地面，然后将传回的数据经过一系列处理过程，可得到满足 GIS 需求的数据。

# 任务 2.3　属性数据采集

属性数据即空间实体的特征数据，一般包括名称、等级、数量、代码等多种形式。属性数据的内容有时直接记录在栅格或矢量数据文件中，有时则单独输入数据库存储为属性文件，通过关键码与图形数据相联系。

对于要输入属性库的属性数据，通过键盘则可直接键入。对于要直接记录到栅格或矢量数据文件中的属性数据，则必须先对其进行编码，将各种属性数据变为计算机可以接受的数字或字符形式，便于 GIS 存储管理。

下面简要介绍属性数据的编码原则、编码内容和编码方法。

## 2.3.1　编码原则

属性数据编码一般要基于以下 5 个原则：

(1) 编码的系统性和科学性。编码系统在逻辑上必须满足所涉及学科的科学分类方法，以体现该类属性本身的自然系统性。另外，还要能反映出同一类型中不同的级别特点。这是一个编码系统能否有效运作的核心。

(2) 编码的一致性。一致性是指对象的专业名词、术语的定义等必须严格保证一致，对代码所定义的同一专业名词、术语必须是唯一的。

(3) 编码的标准化和通用性。为满足未来有效的信息传输和交流，所制定的编码系统必须在有可能的条件下实现标准化。

(4) 编码的简洁性。在满足国家标准的前提下，每一种编码应该是以最小的数据量载负最大的信息量，这样，既便于计算机存贮和处理，又具有相当的可读性。

(5) 编码的可扩展性。虽然代码的码位一般要求紧凑经济、减少冗余代码，但应考虑到实际使用时往往会出现新的类型需要加入到编码系统中，因此编码的设置应留有扩展的余地，避免新对象的出现而使原编码系统失效、造成编码错乱现象。

## 2.3.2　编码内容

属性编码一般包括 3 个方面的内容：

（1）登记部分，用来标识属性数据的序号，可以是简单的连续编号，也可划分不同层次进行顺序编码。

（2）分类部分，用来标识属性的地理特征，可采用多位代码反映多种特征。

（3）控制部分，用来通过一定的查错算法，检查在编码、录入和传输中的错误，在属性数据量较大情况下具有重要意义。

### 2.3.3　编码方法

编码的一般流程是：

（1）列出全部制图对象清单。

（2）制定对象分类、分级原则和指标，将制图对象进行分类、分级。

（3）拟定分类代码系统。

（4）设定代码及其格式。设定代码使用的字符和数字、码位长度、码位分配等。

（5）建立代码和编码对象的对照表。这是编码最终成果档案，是数据输入计算机进行编码的依据。

目前，较为常用的编码方法有层次分类编码法和多源分类编码法两种。

（1）层次分类编码法。层次分类编码法是以分类对象的从属和层次关系作为排列顺序的一种编码方法。它的优点是能明确表示出分类对象的类别，代码结构有严格的隶属关系，如图 2.10 所示。

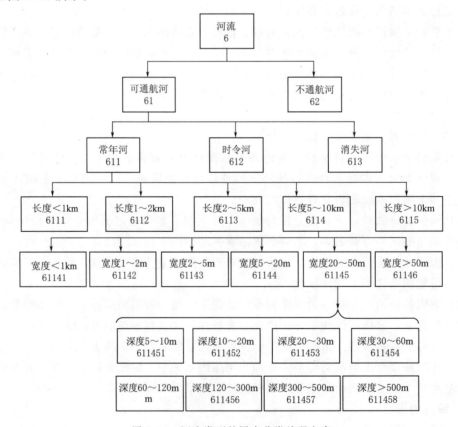

图 2.10　河流类型的层次分类编码方案

（2）多源分类编码法。多源分类编码法，又称独立分类编码法，是指对于一个特定的分类目标，根据诸多不同的分类依据分别进行编码，各位数字代码之间并没有隶属关系的一种编码方法。

表 2.2 显示了河流类型的多源分类编码方案，如常年河、通航、主流长 7km，宽 25m，平均深度为 50m 在表中表示为：11454。由此可见，该种编码方法一般具有较大的信息载量，有利于对于空间信息的综合分析。

**表 2.2**  河流类型的多源分类编码方案

| 通航情况 | 流水季节 | 河流长度 | 河流宽度 | 河流深度 |
|---|---|---|---|---|
| 通航：1 | 常年河：1 | <1km：1 | <1m：1 | 5～10m：1 |
| 不通航：2 | 时令河：2 | 1～2km：2 | 1～2m：2 | 10～20m：2 |
| | 消失河：3 | 2～5km：3 | 2～5m：3 | 20～30m：3 |
| | | 5～10km：4 | 5～20m：4 | 30～60m：4 |
| | | >10km：5 | 20～50m：5 | 60～120m：5 |
| | | | >50m：6 | 120～300m：6 |
| | | | | 300～500m：7 |
| | | | | >500m：8 |

在实际工作中，往往将以上两种编码方法结合使用，以达到更理想的效果。

# 任务 2.4  空间数据质量评价与控制

## 2.4.1  数据质量基本概念

空间数据是地理信息系统最基本和最重要的组成部分，也是一个地理信息系统项目中成本比重最大的部分。数据质量的好坏，关系到分析过程的效率高低，甚至影响系统应用分析结果的可靠程度和系统应用目标的真正实现。

空间位置、专题特征以及时间信息是表达现实世界空间变化的三个基本要素。空间数据是有关空间位置、专题特征以及时间信息的符号记录。而数据质量则是空间数据在表达这三个基本要素时，所能够达到的准确性、一致性、完整性，以及它们三者之间统一程度。

空间数据是对现实世界的抽象和表达，由于现实世界的复杂性和模糊性，以及认识和表达能力的局限性，这种抽象和表达总是不可能完全达到真实值，而只能在一定程度上接近真实值。从这种意义上讲，数据质量发生问题是不可避免的。另外，对空间数据的处理也会出现质量问题。

通常，空间数据的质量用以下几方面的指标来进行描述。

（1）误差：它反映了数据与真实值或者大家公认的真实值之间的差异，它是一种常用的数据准确性的表达方式。

（2）数据的准确度：指结果、计算值或估计值与真实值或者大家公认的真实值的接近程度。

（3）数据的精密度：指数据表示的精密程度，也指数据表示的有效位数。精密度的实质在于它对数据准确度的影响，同时在很多情况下，它可以通过准确度得到体现。故常把二者结合在一起称为精确度,简称精度。精度通常表示成一个统计值,它基于一组重复的监测值,如样本平均值的标准差。

(4)数据的不确定性:不确定性是指对真实值的认知或肯定的程度,是更广泛意义上的误差,包含系统误差、偶然误差、粗差、可度量和不可度量误差、数据的不完整性、概念的模糊性等。在 GIS 中,用于进行空间分析的空间数据,其真实值一般无从量测,空间分析模型往往是在对自然现象认识的基础上建立的,因而空间数据和空间分析中倾向于采用不确定性来描述数据和分析结果的质量。

### 2.4.2 空间数据质量标准

空间数据质量标准是生产、使用和评价空间数据的依据。数据质量是数据整体性能的综合体现。空间数据质量标准的建立必须考虑空间过程和现象的认知、表达、处理、再现等全过程。空间数据质量标准要素及其内容如下:

(1)数据说明:要求对空间数据的来源、数据内容及其处理过程等做出准确、全面和详尽的说明。

(2)位置精度:指空间实体的坐标数据与实体真实位置的接近程度,常表现为空间三维坐标数据的精度。位置精度包括数学基础精度、平面精度、高程精度、接边精度、形状再现精度、像元定位精度等。

(3)属性精度:指空间实体的属性值与其真实值相符的程度。它取决于地理数据的类型,常常与位置精度有关。包括要素分类与代码的正确性、要素属性值的准确性及其名称的正确性等。

(4)时间精度:指时间的现势性。时间精度可以通过数据更新的时间和频度来体现。

(5)逻辑一致性:指地理数据关系上的可靠性,包括数据结构、数据内容,以及拓扑性质上的内在一致性。

(6)完整性:指地理数据在范围、内容及结构等方面满足所有要求的完整程度,包括数据范围、空间实体类型、空间关系分类、属性特征分类等方面的完整性。

(7)表达形式的合理性:指数据抽象、数据表达与实体的吻合性,包括空间特征、专题特征和时间特征表达的合理性等。

### 2.4.3 空间数据质量评价

空间数据的质量评价就是用空间数据质量标准对数据所描述的空间、时间和专题特征进行评价(表 2.3)。

表 2.3 空 间 数 据 质 量 评 价

| 空间数据要素 | 空 间 数 据 描 述 | | |
| --- | --- | --- | --- |
| | 空间特征 | 时间特征 | 专题特征 |
| 世系(继承系) | ✓ | ✓ | ✓ |
| 位置精度 | ✓ | | ✓ |
| 属性精度 | ✓ | ✓ | ✓ |
| 逻辑一致性 | ✓ | ✓ | ✓ |
| 完整性 | ✓ | ✓ | ✓ |
| 表现形式准确性 | ✓ | ✓ | ✓ |

### 2.4.4　空间数据质量的控制

数据质量控制是指在 GIS 建设和应用过程中，对可能引入误差的步骤和过程加以控制，对检查出的错误和误差进行修正，以达到提高系统数据质量和应用水平的目的。数据质量控制是个复杂的过程，要控制数据质量应从数据质量产生和扩散的所有过程和环节入手，分别用一定的方法减少误差。空间数据质量控制常见的方法有：

（1）传统的手工方法。质量控制的人工方法主要是将数字化数据与数据源进行比较，图形部分的检查包括目视方法和绘制到透明图上与原图叠加比较法，属性部分的检查采用与原属性逐个对比或其他比较方法。

（2）元数据方法。数据集的元数据中包含了大量的有关数据质量的信息，通过它可以检查数据质量，同时元数据也记录了数据处理过程中质量的变化，通过跟踪元数据可以了解数据质量的状况和变化。

（3）地理相关法。地理相关法是用空间数据的地理特征要素自身的相关性来分析数据的质量。例如，从地表自然特征的空间分布着手分析，山区河流应位于地形的最低点，因此，叠加河流和等高线两层数据时，若河流的位置不在等高线的外凸连线上，则说明两层数据中必有一层数据有质量问题，如不能确定哪层数据有问题时，可以通过将他们分别与其他质量可靠的数据层叠加来进一步分析。因此，可以建立一个有关地理特征要素相关关系的知识库，以备各空间数据层之间地理特征要素的相关分析之用。

数据质量控制应体现在数据生产和处理的各个环节。下面以地图数字化生成地图数据过程为例，说明数据质量控制的方法。

数字化过程的质量控制，主要包括数据预处理、数字化设备的选用、对点精度、数字化限差和数据精度检查等项内容。

（1）数据预处理工作。数据预处理主要包括对原始地图、表格等的整理、誊清或清绘。对于质量不高的数据源（如散乱的文档和图面不清晰的地图），通过预处理工作不但可减少数字化误差，还可提高数字化工作的效率。对于扫描数字化的原始图形或图像，还可采用分版扫描的方法，来减少矢量化误差。

（2）数字化设备的选用。数字化设备主要根据手扶数字化仪、扫描仪等设备的分辨率和精度等有关参数进行挑选，这些参数应不低于设计的数据精度要求。一般要求数字化仪的分辨率达到 0.025mm，精度达到 0.2mm；扫描仪的分辨率则不低于 0.083mm。

（3）数字化对点精度（准确性）。数字化对点精度是数字化时数据采集点与原始点重合的程度。一般要求数字化对点误差应小于 0.1mm。

（4）数字化限差。限差的最大值分别规定如下：采点密度（2mm）、接边误差（0.2mm）、接合距离（0.2mm）、线划悬挂距离（0.7mm）。

接边误差控制，通常当相邻图幅对应要素间距离小于 0.3mm 时，可移动其中一个要素以使两者接合；当这一距离在 0.3mm 与 0.6mm 之间时，两要素各自移动一半距离；若距离大于 0.6mm 时，则按一般制图原则接边，并做记录。

（5）数据精度检查。主要检查输出图与原始图之间的点位误差。一般要求，对直线地物和独立地物，这一误差应小于 0.2mm；对曲线地物和水系，这一误差应小于 0.3mm；对边界模糊的要素应小于 0.5mm。

# 职 业 能 力 训 练 大 纲

1. 实训目的

掌握空间数据的来源、空间数据和属性数据的采集方法。

2. 实训内容

（1）采用不同的矢量化方法采集空间数据。

（2）将不同来源的属性数据输入到 GIS 系统。

3. 实训方法

（1）将已有的纸质地图进行扫描，并导入 GIS 软件进行矢量化。

（2）将属性数据通过键盘或其他方法导入 GIS 系统。

# 扩 展 阅 读 1　空 间 数 据 的 元 数 据

在地理空间数据中，元数据是说明数据内容、质量、状况和其他有关特征的背景信息。元数据并不是一个新的概念。实际上传统的图书馆卡片、出版图书的版权说明、磁盘的标签等都是元数据。纸质地图的元数据主要表现为地图类型、地图图例，包括图名、空间参照系和图廓坐标、地图内容说明、比例尺和精度、编制出版单位和日期或更新日期、销售信息等。在这种形式下，元数据是可读的，生产者和用户之间容易交流，用户通过它可以非常容易地确定该书或地图是否能够满足其应用的需要。

随着计算机技术和 GIS 技术的发展，特别是网络通信技术的发展，空间数据共享日益普遍。用户对不同类型数据的需求，要求数据库的内容、格式、说明等符合一定的规范和标准，以利于数据交换、更新、检索、数据库集成以及数据的二次开发利用等，而这一切都离不开元数据。对空间数据的有效生产和利用，要求空间数据的规范化和标准化。在这种情况下，元数据成为信息资源有效管理和应用的重要手段。

在 GIS 应用中，元数据的主要作用可归纳如下几个方面。

（1）帮助数据生产单位有效地管理和维护空间数据，建立数据文档，保证对数据情况了解和使用的持续性。

（2）提供有关数据生产单位数据存储、数据分类、数据内容、数据质量、数据交换网络及数据销售等方面的信息，便于用户查询检索和使用地理空间数据。

（3）帮助用户了解数据，以便就数据是否能满足其需求作出正确的判断。

（4）提供有关信息，以便于用户检索、访问数据库，可以有效地利用系统资源，对数据进行加工处理和二次开发等。

# 扩展阅读2 空间数据的误差来源

空间数据的质量通常用误差来衡量，数据误差的来源是多方面的，包括数据采集过程中引入的源误差和从数据录入到地图输出过程中，每一步都会引入的新误差。

1. 源误差

空间数据的来源主要有直接从现场利用 GNSS 或全站仪采集的数字数据、纸质地图的数字化数据、遥感影像数据等，这些过程中的误差都属于源误差。

（1）地面测量数字数据的误差。来源于地面测量的数字数据中含有控制测量和碎部测量误差。地面测量数据中的误差可以表现为偶然误差、系统误差或粗差。

（2）地图数字化数据的误差。地图数字化是 GIS 数据来源之一，原图固有误差和数字化过程误差是地图数字化数据误差的主要来源。

1）原图固有误差。这类误差主要有控制点展绘误差、编绘误差、绘图误差、综合误差、地图复制误差、分色版套合误差和绘图材料的变形误差。

由于很难知道制图过程中各种误差间的关系以及图纸尺寸的不稳定性，因此，很难准确地评价原图固有误差。

2）数字化误差。数字化方式主要有手扶跟踪数字化和扫描数字化。在生产实践中，多采用扫描数字化，然后屏幕半自动化跟踪。线划跟踪与扫描数字化所引起的平面误差较小，只是在扫描时，要素结合处出现的误差较大。手扶跟踪数字化引起的误差主要与被数字化的要素对象、作业员和数字化仪有关。

（3）遥感数据误差。遥感数据的误差积累过程可以分为：数据获取误差、数据预处理误差和人工判读误差等。

2. 操作误差

除了地图原始录入数据本身带有的源误差外，空间数据处理操作中还会引入新误差。

（1）由计算机字长引起的误差。

（2）空间数据处理中的误差。

在空间数据处理过程中，容易产生的误差有：①投影变换；②数据格式转换；③数据抽象；④建立拓扑关系；⑤与主控数据层的匹配；⑥数据叠加操作和更新；⑦数据集成处理；⑧数据的可视化表达；⑨数据处理过程中误差的传递和扩散。

3. 空间数据使用中的误差

在空间数据使用过程中也会导致误差的出现，主要表现在两方面：一是用户错误理解信息造成的误差；二是缺少文档说明，从而导致用户不正确地使用信息，造成数据的随意性使用而使误差扩散。

一般来说，源误差远大于操作误差，因此，要想控制 GIS 产品的质量，良好的原始录用数据是首要的。

# 复 习 思 考 题

1. 何谓数据采集？数据采集有哪些方式？
2. 地图扫描数据的后续处理包括哪些步骤？
3. 数据采集常用哪些设备？
4. 矢量数据的获取可以通过哪些途径？
5. 栅格数据的获取可以通过哪些途径？
6. 简述属性编码的原则与内容。
7. 数据质量应从哪几方面分析？
8. 数据质量控制常见方法有哪些？
9. 空间数据元数据的作用有哪些？

# 模块 3　空 间 数 据 处 理

## 【模块概述】

空间数据的来源多种多样，数据具有不同的类型、格式、精度、坐标系统和表达方式。因此，获取的空间数据在使用之前，需要进行各种处理，包括编辑、拓扑关系建立、坐标系统与投影、插值、拼接和结构转换等，为后续的空间数据分析奠定良好基础。

## 【学习目标】

1. 裁剪、知识目标：

（1）掌握空间数据的编辑方法。

（2）掌握空间数据拓扑关系的建立方法。

（3）掌握空间数据的坐标转换方法。

（4）掌握空间数据插值、裁剪、拼接和结构转换等方法。

2. 技能目标：

（1）会编辑空间数据。

（2）会建立空间数据的拓扑关系。

（3）会进行空间数据的坐标变换。

（4）会进行空间数据插值、裁剪、拼接和结构转换。

3．态度目标：

（1）具有吃苦耐劳精神和勤俭节约作风。

（2）具有爱岗敬业的职业精神。

（3）具有良好的职业道德和团结协作能力。

（4）具有独立思考和解决问题的能力。

## 任务 3.1　空 间 数 据 编 辑

由于各种空间数据源本身的误差，以及数据采集过程中不可避免的误差，使得获得的空间数据不可避免地存在各种误差。为了"净化"数据，满足空间分析与应用的需要，在采集完数据之后，必须对数据进行必要的检查，包括空间实体是否遗漏、是否重复录入某些实体、图形定位是否错误、属性数据是否准确以及与图形数据的关联是否正确等。数据编辑是数据处理的主要环节，并贯穿于整个数据采集与处理过程。

### 3.1.1　图形数据编辑

空间数据采集过程中，采用已有地图进行数字化是较常用的方式。由于地图数字化，特别是手扶跟踪数字化，是一件耗时、繁杂的人力劳动，在数字化过程中的误差几乎是不

可避免的，误差的具体表现形式有

（1）伪节点（Pseudo Node）。伪节点使一条完整的线变成两段（图 3.1），造成伪节点的原因常常是没有一次录入完毕一条线。

（2）悬挂节点（Dangling Node）。如果一个节点只与一条线相连接，那么该节点称为悬挂节点，悬挂节点有多边形不封闭（图 3.2）、不及和过头（图 3.3），节点不重合（图 3.4）等几种情形。

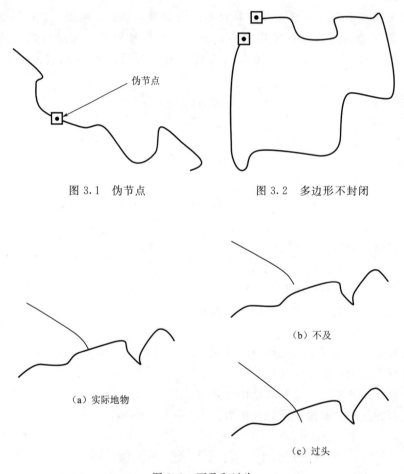

图 3.1 伪节点          图 3.2 多边形不封闭

（a）实际地物

（b）不及

（c）过头

图 3.3 不及和过头

（3）"碎屑"多边形或"条带"多边形（Sliver Polygon）。"碎屑"多边形（图 3.5）一般由于重复录入引起，由于前后两次录入同一条线的位置不可能完全一致，造成了"碎屑"多边形。另外，由于用不同比例尺的地图进行数据更新，也可能产生"碎屑"多边形。

（4）不正规的多边形（Weird Polygon）。不正规的多边形（图 3.6）是由于输入线时，点的次序倒置或者位置不准确引起的。在进行拓扑生成时，同样会产生"碎屑"多边形。

图 3.4　节点不重合　　　　　　　　　　　图 3.5　"碎屑"多边形

为发现并有效消除误差,一般采用如下方法进行检查。

(1) 叠合比较法。它是空间数据数字化正确与否的最佳检核方法,按与原图相同的比例尺把数字化的内容绘在透明材料上,然后与原图叠合在一起,在透光桌上仔细的观察和比较。一般,对于空间数据的比例尺不准确和空间数据的变形马上就可以观察出来,对于空间数据的位置不完整和不准确的情况则须用粗笔把遗漏、位置错误的地方明显地标注出来。如果数字化的范围比较大,分块数字化时,除检核一幅(块)图内的差错外还应检核已存入计算机的其他图幅的接边情况。

图 3.6　不正规的多边形

(2) 目视检查法。它是指在屏幕上用目视检查的方法,检查一些明显的数字化误差与错误,包括线段过长或过短、多边形的重叠和裂口、线段的断裂等。

(3) 逻辑检查法。它是根据数据拓扑一致性进行检验,将弧段连成多边形,进行数字化误差的检查。有许多软件已能自动进行多边形节点的自动平差。另外,对属性数据的检查一般也最先用这种方法,检查属性数据的值是否超过其取值范围,属性数据之间或属性数据与地理实体之间是否有荒谬的组合。

对于空间数据的不完整或位置的误差,主要是利用 GIS 的图形编辑功能,如删除(目标、属性、坐标)、修改(平移、拷贝、连接、分裂、合并、整饰)、插入等进行处理。

### 3.1.2　属性数据编辑

属性数据是描述空间实体特征的数据集,这些数据主要用来描述实体要素的类别、级别等分类特征和其他质量特征。属性数据的内容有时直接记录在矢量或栅格数据文件中,有时则单独输入数据库存储为属性文件,通过关键码与图形数据相联系。

属性数据编辑包括两部分。

(1) 属性数据与空间数据是否正确关联,标识码是否唯一,不含空值。

(2) 属性数据是否准确,属性数据的值是否超过其取值范围等。

对属性数据进行校核很难,因为不准确性可能归结于许多因素,如观察错误、数据过时和数据输入错误等。属性数据错误检查可通过以下方法完成。

(1) 首先可以利用逻辑检查,检查属性数据的值是否超过其取值范围,属性数据之间或属性数据与地理实体之间是否有荒谬的组合。在许多数字化软件中，这种检查通常使用程序来自动完成。例如有些软件可以自动进行多边形节点的自动平差，属性编码的自动查错等。

（2）把属性数据打印出来进行人工校对，这和用校核图来检查空间数据准确性相似。

对属性数据的输入与编辑，一般在属性数据处理模块中进行，但为了建立属性描述数据与几何图形的联系，通常需要在图形编辑系统中设计属性数据的编辑功能，主要是将一个实体的属性数据连接到相应的几何目标上，亦可在数字化及建立图形拓扑关系的同时或之后，对照一个几何目标直接输入属性数据。一个功能强大的图形编辑系统可提供删除、修改、拷贝属性等功能。

# 任务 3.2 拓 扑 关 系 建 立

拓扑表达的是地理对象之间的相邻、包含、关联等空间关系。拓扑关系能清楚地反映实体之间的逻辑结构关系，它比几何数据有更大的稳定性，不随地图投影的变化而变化。

创建拓扑的优势在于：

（1）根据拓扑关系，不需要利用坐标或距离，就可以确定一种空间实体相对于另一种空间实体的位置关系。

（2）利用拓扑关系便于空间要素查询。

（3）可以根据拓扑关系重建地理实体，如根据弧段构建多边形、最佳路径的选择等。

在图形矢量化完成之后，对于大多数数字地图而言需要建立拓扑，这样可以避免两次记录相邻多边形的公共边界，减少了数据冗余，同时有利于地图的编辑和整饰。

## 3.2.1 拓扑处理对数据的要求

在建立拓扑关系的过程中，一些数字化输入过程中的错误需要被改正，否则，建立的拓扑关系将不能正确地反映地物之间的关系。

拓扑关系的建立是拓扑处理的核心，为了便于拓扑关系的建立，需要对数据进行预处理。当然前期工作做得比较好，后期的工作（如弧段编辑、剪断等）就可以省掉，建立拓扑也得心应手，基于这方面的原因，需做好以下几点。

（1）数字化或矢量化时，对节点处（几个弧段的相交处）应注意：①使其断开；②尽量采用抓线头或节点平差等软件功能使其吻合，避免产生较大的误差。使节点处尽量与实际相符，避免端点回折，不要产生超过 1mm 长的无用短线段。

（2）面域必须由封闭的弧段组成。尽量避免不闭合多边形、伪节点、悬挂节点和"碎屑"多边形等的出现。

（3）将原始数据（线数据）转为弧段数据，建立拓扑关系前，应将那些与拓扑无关的线或弧段删掉。

（4）尽量避免多余重合的弧段产生。

（5）进行拓扑查错。查错可以检查重叠坐标、悬挂弧段、弧段相交、重叠线段、节点不封闭等严重影响拓扑关系建立的错误。

## 3.2.2 拓扑关系的建立

一个拓扑关系存储了三个参数：规则、等级和拓扑容限。规则定义了拓扑的状态，控制了要素之间的相互作用，创建拓扑时必须指定至少一个拓扑规则；等级是控制在拓扑检验节点移动的等级，等级低的要素类向等级高的要素类移动；拓扑容限是当两个相邻近点的 $X$、$Y$、$Z$（$Z$ 代表高程，如果要素携带高程信息）距离小于给定的限值时，两个点会聚合成为一个点，共享同一坐标。

在创建拓扑的过程中，需要指定要素类及其等级和拓扑容限和拓扑规则。

（1）参加创建拓扑的所有要素类必须具有相同的空间参考。

（2）拓扑容限是节点、边能够被捕捉到一起的距离范围，应该依据数据精度设置并且要尽量小。默认的拓扑容限值是根据数据的准确度和其他一些因素，由系统默认计算出来的。

（3）拓扑规则可以为一个要素类中的要素定义，也可以为两个或两个以上要素类建的要素定义。常见的拓扑规则如下：

1）点拓扑规则。

规则一：点必须在多边形边界上。

规则二：点要素必须位于线要素的端点上。

规则三：点要素必须在线要素之上。

规则四：点要素必须在多边形要素内，在边界上也不行。

2）线拓扑规则。

规则一：在同一层要素类中（同一层之间的关系），线与线不能相互重叠。

规则二：同一层中某个要素类中的线段必须被另一要素类中的线段覆盖（同一层之间的关系）。

规则三：两个线要素类中的线段不能重叠。（不同图层中线与线的关系）。

规则四：线要素必须被多边形要素的边界覆盖（线与多边形之间的拓扑关系）。

规则五：不允许线要素有悬挂点，即每一条线段的端点都不能孤立，必须和本要素中其他要素或和自身相接触（同一线层之间的拓扑关系）。

规则六：不能有伪节点，就是一条线段中间不能有断点。

规则七：线要素不能和自己重叠。

规则八：线要素不能自相交，就是不能和自己搅在一起。

规则九：线要素必须单独，不能联合。

规则十：线和线不能交叉，端点不能和非端点接触（非接触点部分相互重叠是允许的），两条线相交时（两条线）必然有断点。

规则十一：线要素的端点被点要素覆盖。

3）面拓扑规则。

规则一：同一多边形要素类中多边形之间不能重叠（同一层之间的拓扑关系，不涉及其他图层）。

规则二：多边形之间不能有空隙（同层之间的拓扑关系）。

规则三：一个要素类中的多边形不能与另一个要素类中的多边形重叠（两个不同面层之间的关系）。

规则四：多边形要素中的每一个多边形都被另一个要素类中的多边形覆盖（两个不同

面层之间的拓扑关系）。

规则五：两个要素类中的多边形要相互覆盖，外边界要一致（层与层之间的拓扑关系）。

规则六：每个多边形要素都要被另一个要素类中的单个多边形覆盖。

规则七：多边形的边界必须和线要素的线段重合（面与线之间的关系）。

规则八：某个多边形要素类的边界线在另一个多边形要素类的边界上。

规则九：多边形内必须包含点要素（边界上的点不在多边形内）。

# 任务 3.3　坐 标 系 统 与 投 影

GIS 处理的是空间数据，而所有对空间数据的量算与分析都是基于某个坐标系统的，因此 GIS 中坐标系统的定义是 GIS 系统的基础，没有坐标系统的空间数据在生产应用过程中是毫无意义的，正确定义 GIS 系统的坐标系统非常重要。

## 3.3.1　地球的形状与大小

地球自然表面是一个起伏不平、十分不规则的表面，有高山、丘陵、平原和江河湖海。地球表面约有 71% 的面积为海洋，29% 的面积是大陆与岛屿。陆地上最高点与海洋中最深处相差近 20km。这个高低不平的表面无法用数学公式表达，也无法进行运算。所以在测量与制图时，必须找一个规则的曲面来代替地球的自然表面。当海洋静止时，它的自由水面必定与该面上各点的重力方向（铅垂线方向）成正交，我们把这个面叫作水准面。但水准面有无数多个，其中有一个与静止的平均海水面相重合。可以设想这个静止的平均海水面穿过大陆和岛屿形成一个闭合的曲面，这就是大地水准面，如图 3.7 所示。

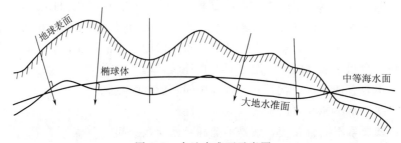

图 3.7　大地水准面示意图

大地水准面所包围的形体，叫大地体。由于地球体内部质量分布的不均匀，引起重力方向的变化，导致处处和重力方向成正交的大地水准面成为一个不规则，且仍然是不能用数学表达的曲面。大地水准面形状虽然十分复杂，但从整体来看，起伏是微小的。它是一个很接近于绕自转轴（短轴）旋转的椭球体。所以在测量和制图中就用旋转椭球来代替大地体，这个旋转球体通常称地球椭球体，简称椭球体。

椭球体的大小通常用长半径 $a$ 和短半径 $b$ 来表示，或由一个半径和扁率 $\alpha$ 来决定。扁率为椭球的扁平程度，扁率 $\alpha=(a-b)/b$。

由于地球上不同地区地形起伏差异很大，难以用单一的地球椭球体很好的吻合所有地区的地表状况。一个多世纪以来，不同国家、地区先后采用了逼近本国或本地区地球表面的椭球体，引入了源于不同方法，适合不同地区，来自不同年代的地球椭球体，如美国的海福特椭球体（Hayford）、英国的克拉克椭球体（Clarke）、白塞尔椭球体（Bessel）和苏联的克拉索夫斯基椭球体（Krassovsky）等（表 3.1）。我国 1952 年以前采用海福特椭球体，1953 年开始采用克拉索夫斯基椭球体建立 1954 年北京坐标系，1978 年采用 1975 年国际大地测量和地球物理学联合会（IUGG）推荐的地球椭球体建立新的 1980 年西安大地坐标系。

表 3.1　　　　　　　　　　　　　　　各种椭球体模型数据

| 椭球体名称 | 年份 | 长半轴/m | 短半轴/m | 扁率 |
|---|---|---|---|---|
| 埃维尔斯特（Everest） | 1830 | 6377276 | 6356075 | 1：300.8 |
| 白塞尔（Bessel） | 1841 | 6377397 | 6356079 | 1：299.15 |
| 克拉克（Clarke） | 1866 | 6378206 | 6356584 | 1：295.0 |
| 克拉克（Clarke） | 1880 | 6378249 | 6356515 | 1：293.5 |
| 海福特（Hayford） | 1910 | 6378388 | 6356912 | 1：297 |
| 克拉索夫斯基（Krassovsky） | 1940 | 6378245 | 6356863 | 1：298.3 |
| 1975 年国际椭球 | 1975 | 6378140 | 6356755 | 1：298.257 |
| WGS－84 | 1984 | 6378137 | 6356752 | 1：298.26 |

### 3.3.2　地理坐标系和投影坐标系

1. 地理坐标系

地理坐标系是用于确定地物在地球上位置的坐标系。一个特定的地理坐标系是由一个特定的椭球体和一种特定的地图投影构成，其中椭球体是一种对地球形状的数学描述，而地图投影是将球面坐标转换成平面坐标的数学方法。绝大多数的地图都是遵照一种已知的地理坐标系来显示坐标数据。

最常用的地理坐标系是经纬度坐标系，这个坐标系可以确定地球上任何一点的位置，如果我们将地球看作一个球体，而经纬网就是加在地球表面的地理坐标参照系格网，经度和纬度是从地球中心对地球表面给定点测量得到的角度，经度是东西方向，而纬度是南北方向，经线从地球南北极穿过，而纬线是平行于赤道的环线，需要说明的是经纬度坐标系不是一种平面坐标系，因为度不是标准的长度单位，不可用其测量面积长度。

经度和纬度都是一种角度。经度是个两面角，是两个经线平面的夹角。因所有经线都是一样长，为了度量经度选取一个起点面，经 1884 年国际会议协商，决定以通过英国伦敦近郊、泰晤士河南岸的格林尼治皇家天文台（旧址）的一台主要子午仪十字丝的那条经线为起始经线，称为本初子午线。本初子午线平面是起点面，终点面是本地经线平面。某一点的经度（Longitude），就是该点所在的经线平面与本初子午线平面间的夹角，纬度（Latitude），是指过椭球面上某点作法线，该点法线与赤道平面的线面角，如图 3.8 所示。在赤道上度量，自本初子午

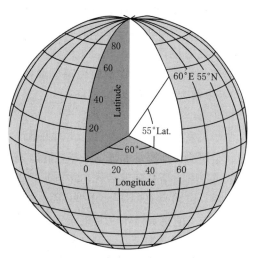

图 3.8　地球的经度和纬度

线平面作为起点面，分别往东往西度量，往东量值称为东经度，往西量值称为西经度。

2. 投影坐标系

由于许多原因，我们没办法很方便地使用纬度和经度来描述地表的点集（也许这些点通过直线连接起来能够生成一条海岸线或一个国家的边界线）。其中一个原因是在使用纬度和经度时，计算两点之间的距离需要运用到像正弦和余弦这样的复杂运算。对于一个简单的距离计算而言，如果它们是在笛卡儿 $x$ - $y$ 平面上，如图 3.9 所示，那么最大的障碍也不过是计算平方根而已。

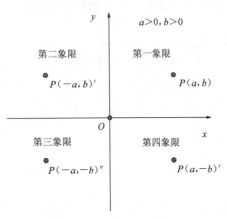

图 3.9　笛卡儿平面坐标系

对于相对较小的地方而言，使用数学方法将球面投影到一个平面上的方式为其计算和制图提供了一个很好的解决方案。地理投影可以被想象成这样一个过程，将一个光源放入一个刻有地球特征的透明地球仪中，然后将光投射到一张平整的纸上（或是一张仅向某一个方向弯曲的纸，但它可以撕开后铺平）。这些特征的影子（如线条或区域）将会呈现在纸上。在纸上使用笛卡儿坐标系的好处是易于计算并能让制作的地图更加真实。然而，任何一种投影过程都伴随着变形；许多地图上的点可能与它们的地面实际位置无法对应起来。在地图上显示的范围越大，这种变形程度就越高。当将球面转为平面，把一个三维坐标系转换为一个二维坐标系时，其精度就会降低。

3. 坐标系的选择

地理坐标系的优点是只要测量技术允许，就可以精确地表示地表上的任意一点。这个系统本身并不会带来误差。地理坐标系的缺点是在计算两点之间距离或一个点集构成的范围面积时，将遇到复杂而费时的几何运算。经纬度值直接绘制在使用笛卡儿坐标系的白纸上会出现扭曲变形。

笛卡儿平面投影坐标系的优点是计算两点之间的距离很简单，面积计算也相对容易些。当它覆盖的面积不是很大时，图形显示是很真实的。笛卡儿平面投影坐标系的缺点是几乎每个点的位置都有误差，虽然这些误差并不大。所有的投影都会带来误差。根据投影的不同，这些误差可能体现在距离、面积、形状或方向上。

### 3.3.3　中国大地坐标系

1. 1954 年北京坐标系

中华人民共和国成立以后，我国大地测量进入了全面发展时期，在全国范围内开展了正规的、全面的大地测量和测图工作，此时迫切需要建立一个参心大地坐标系，故我国采用了苏联的克拉索夫斯基椭球参数，并与苏联 1942 年坐标系进行联测，通过计算建立了我国大地坐标系，定名为 1954 年北京坐标系。因此，1954 年北京坐标系可以认为是苏联 1942 年坐标系的延伸。它的原点不在北京而是在苏联的普尔科沃。它是将我国一等锁与苏联远东一等锁相连接，然后以连接处呼玛、吉拉宁、东宁基线网扩大边端点的苏联 1942 普尔科沃坐标系的坐标为起算数据，平差我国东北及东部区一等锁，这样传算过来的坐标系就定名为1954年北京坐标系。因此，1954年北京坐标系可归结为：①属参心大地坐标系；②采用克拉索夫斯基椭球的两个几何参数；③大地原点在苏联的普尔科沃；④采用多点定位法进行椭球定位；⑤高程基准为1956年青岛验潮站求出的黄海平均海水面；⑥高程异常以苏联1955年大地水准面重新平差结果为起算数据，按我国天文水准路线推算而得。

1954年北京坐标系建立以来，在该坐标系内进行了许多地区的局部平差，其成果得到了广泛的应用。但是随着测绘新理论、新技术的不断发展，人们发现该坐标系存在椭球参数有较大误差、参考椭球面与我国大地水准面存在着自西向东明显的系统性倾斜、几何大地测量和物理大地测量应用的参考面不统一和定向不明确等缺点。为此，我国在1978年在西安召开了全国天文大地网整体平差会议，提出建立属于我国自己的大地坐标系，即后来的1980年西安坐标系。

2. 1980年西安坐标系

1978年4月在西安召开全国天文大地网平差会议，确定重新定位，建立我国新的坐标系，为此有了1980年国家大地坐标系。1980年国家大地坐标系采用地球椭球基本参数为1975年国际大地测量与地球物理联合会第十六届大会推荐的数据。该坐标系的大地原点设在我国中部的陕西省泾阳县永乐镇，位于西安市西北方向约60km，故称1980年西安坐标系，又简称西安大地原点（图3.10）。基准面采用青岛大港验潮站1952—1979年

图3.10 1980年西安坐标系大地原点

确定的黄海平均海水面，即 1985 国家高程基准（图 3.11）。

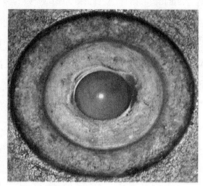

水准原点——中国统一高程基准点

图 3.11　1985 国家高程基准

1980 年西安坐标系是为了进行全国天文大地网整体平差而建立的。根据椭球定位的基本原理，在建立 1980 年西安坐标系时有以下先决条件：①大地原点在我国中部，具体地点是陕西省径阳县永乐镇；②1980 年西安坐标系是参心坐标系，椭球短轴 $Z$ 轴平行于地球质心指向地极原点方向，大地起始子午面平行于格林尼治平均天文台子午面，$X$ 轴在大地起始子午面内与 $Z$ 轴垂直指向经度 0°方向，$Y$ 轴与 $Z$、$X$ 轴成右手坐标系；③椭球参数采用 IUGG1975 年大会推荐的参数，因而可得 1980 年西安坐标系的椭球的两个最常用的几何参数为：长轴 $a=6378140\pm5$（m）；扁率 $f=1:298.257$，椭球定位时按我国范围内高程异常值平方和最小为原则求解参数；④多点定位；⑤大地高程以 1956 年青岛验潮站求出的黄海平均水面为基准。

3. 2000 国家大地坐标系（China Geodetic Coordinate System 2000，CGCS2000）

1954 年北京坐标系和 1980 年西安坐标系，在我国经济建设、国防建设和科学研究中发挥了巨大的作用。限于当时的技术条件，这两个坐标系都是依赖于传统技术手段在地表观测形成，其原点均选在地表并严加看护，仅限用于区域性的定位研究，成果精度偏低、无法满足新时期大地测绘的要求。随着航空航天事业的发展，及空间技术的成熟与广泛应用，1954 年北京坐标系和 1980 年西安坐标系在成果精度和适用范围上越来越难满足国家需求。2000 国家大地坐标系，作为一个高精度、以地球质量中心为原点、动态、实用、统一的大地坐标系应运而生。

历经多年，中国测绘、地震部门和科学院有关单位为建立新一代大地坐标系做了大量工作，20 世纪末先后建成国家 GPS A、B 级网、全国 GPS 一、二级网，中国地壳运动观测网和许多地壳形变网，为地心大地坐标系的实现奠定了较好的基础。中国大地坐标系更新换代的条件也已具备，2008 年 4 月，国务院批准自 2008 年 7 月 1 日起，启用 2000 国家大地坐标系。新坐标系实现了由地表原点到地心原点、由二维到三维、由低精度到高精度的转变，更加适应现代空间技术发展趋势；满足我国北斗全球定位系统、全球航天遥感、海洋监测及地方性测绘服务等对确定一个与国际衔接的全球性三维大地坐标参考基准的迫切需求。

2000 国家大地坐标系是全球地心坐标系在我国的具体体现，其原点为包括海洋和大气的整个地球的质量中心。$Z$ 轴指向 BIH1984.0 定义的协议极地方向（BIH 国际时间局），$X$ 轴指向 BIH1984.0 定义的零子午面与协议赤道的交点，$Y$ 轴按右手坐标系确定。2000 国家大地坐标系采用的地球椭球参数如下：

长半轴　　$a=6378137\text{m}$

扁率　　$f=1/298.257222101$

地心引力常数　　$GM=3.986004418\times10^{14}\text{m}^3/\text{s}^2$

自转角速度　　$\omega=7.292115\times10^{-5}\text{rad/s}$

短半轴　　$b=6356752.31414\text{m}$

极曲率半径　　$c=6399593.62586\text{m}$

第一偏心率 $e=0.0818191910428$

我国采用 2000 国家大地坐标系，对满足国民经济建设、社会发展、国防建设和科学研究的需求，有着十分重要的意义。

（1）采用 2000 国家大地坐标系具有科学意义。随着经济发展和社会的进步，中国航天、海洋、地震、气象、水利、建设、规划、地质调查、国土资源管理等领域的科学研究需要一个以全球参考基准为背景的、全国统一的、协调一致的坐标系统，来处理国家、区域、海洋与全球化的资源、环境、社会和信息等问题，需要采用定义更加科学、原点位于地球质量中心的三维国家大地坐标系。

（2）采用 2000 国家大地坐标系可对国民经济建设、社会发展产生巨大的社会效益。

（3）采用 2000 国家大地坐标系，有利于应用于防灾减灾、公共应急与预警系统的建设和维护。

（4）采用 2000 国家大地坐标系将进一步促进遥感技术在中国的广泛应用，发挥其在资源和生态环境动态监测方面的作用。比如汶川大地震发生后，以国内外遥感卫星等科学手段为抗震救灾分析及救援提供了大量的基础信息，显示出科技抗震救灾的威力，而这些遥感卫星资料都是基于地心坐标系。

（5）采用 2000 国家大地坐标系也是保障交通运输、航海等安全的需要。车载、船载实时定位获取的精确的三维坐标，能够准确地反映其精确地理位置，配以导航地图，可以实时确定位置、选择最佳路径、避让障碍，保障交通安全。随着中国航空运营能力的不断提高和港口吞吐量的迅速增加，采用 2000 国家大地坐标系可保障航空和航海的安全。

### 3.3.4　地图投影

地球椭球体表面是曲面，而地图通常要绘制在平面图纸上，因此制图时首先要把曲面展为平面。然而球面是个不可展的曲面，换句话说，就是把它直接展为平面时，不可能不发生破裂或皱纹。若用这种具有破裂或褶皱的平面绘制地图，显然是不实用的，所以必须采用特殊的方法将曲面展开，使其成为没有破裂或褶皱的平面，于是就出现了地图投影。

地图投影（Map Projection），是把地球表面的任意点，利用一定数学法则，转换到地图平面上的理论和方法。地图投影的使用保证了空间信息从地理坐标变换为平面坐标后能够保持在地域上的连续性和完整性。

GIS 以地图方式显示地理信息。地图是平面，而地理信息则是在地球椭球上，因此地图投影在 GIS 中不可缺少。

我国现行的大于及等于 1：50 万比例尺的各种地形图都采用高斯–克吕格投影，简称高斯投影。

1. 高斯投影

高斯–克吕格（Gauss–Kruger）投影，是一种"等角横切圆柱投影"。德国数学家、物理学家、天文学家高斯（Carl Friedrich Gauss，1777—1855）于 19 世纪 20 年代拟定投影公式，后经德国大地测量学家克吕格（Johannes Kruger，1857—1928）于 1912 年对投影公式加以补充，故名。设想用一个圆柱横切于球面上投影带的中央经线，按照投影带中央经线投影为直线且长度不变和赤道投影为直线的条件，将中央经线两侧一定经差范围内的球面正形投影于圆柱面。然后将圆柱面沿过南北极的母线剪开展平，即可得到高斯–克吕格投影平面，如图 3.12 所示。高斯–克吕格投影后，除中央经线和赤道为直线外，其他经线均为对称于中央经线的曲线。高斯–克吕格投影没有角度变形，在长度和面积上变形也很小，中央经线无变形，自中央经线向投影带边缘，长度变形逐渐增加，变形最大处在投影带内赤道的两端。由于高斯投影精度高，变形小，而且计算简便（各投影带坐标一致，只要算出一个带的数据，其他各带都能应用），因此在大比例尺地形图中应用，可以满足军事上各种需要，并能在图上进行精确的测量计算。

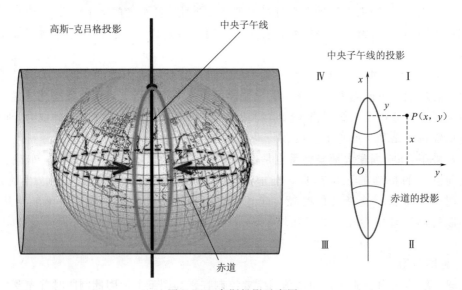

图 3.12　高斯投影示意图

按一定经差将地球椭球面划分成若干投影带，这是高斯投影中限制长度变形的最有效方法。分带时既要控制长度变形使其不大于测图误差，又要使带数不致过多以减少换带计算工作，据此原则将地球椭球面沿子午线划分成经差相等的瓜瓣形地带，以便分带投影。通常按经差 6 度（用于 1：2.5 万～1：50 万比例尺地图）或 3 度（用于大于 1：1 万比例尺地图）分为六度带或三度带，如图 3.13 所示。六度带自 0 度子午线起每隔经差 6 度自西向东分带，带号依次编为第 1、2、…、60 带。三度带是在六度带的基础上分成的，它的中央子午线与六度带的中央子午线和分带子午线重合，即自 1.5 度子午线起每隔经差 3 度自西向东分带，带号依次编为三度带第 1、2、…、120 带。我国的经度范围西起 73°东至 135°，可分成六度带 11 个，各带中央经线依次为 75°、81°、87°、…、117°、123°、129°、135°，或三度带 22 个。

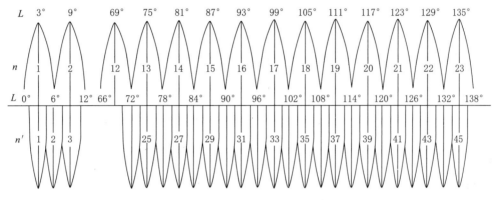

图 3.13　高斯投影分带示意图

高斯-克吕格投影是按分带方法各自进行投影，故各带坐标成独立系统。以中央经线投影为纵轴（$x$），赤道投影为横轴（$y$），两轴交点即为各带的坐标原点。纵坐标以赤道 0°起算，赤道以北为正，以南为负。我国位于北半球，纵坐标均为正值。横坐标以中央经线起算，中央经线以东为正，以西为负，横坐标出现负值，使用不便，故规定将坐标纵轴西移 500km 当作起始轴，凡是带内的横坐标值均加 500km。由于高斯-克吕格投影每一个投影带的坐标都是对本带坐标原点的相对值，所以各带的坐标完全相同，为了区别某一坐标系统属于哪一带，在横轴坐标前加上带号。

2. GIS 中地图投影的选择

由于不同的地图资料根据用途和需要的不同往往采用不同的投影方式，不同的投影方法具有不同性质和投影变形，因此在 GIS 建立过程中，需要以共同的地理坐标系统和直角坐标系统作为参照系统存储各种信息，才能保证 GIS 系统数据的交换、配准和共享，使 GIS 空间分析和应用功能得以实现。

选择地图投影时，需要综合考虑多种因素及其相互影响。

（1）制图区域形状和地理位置。根据制图区域的轮廓形状选择投影时，有一条基本的原则，即投影的无变形点或线应位于制图区域的中心位置，等变形线尽量与制图区域轮廓的形状一致，从而保证制图区域的变形分布均匀。因此，近似圆形的地区宜采用方位投影；中纬度东西方向伸展的地区，如中国和美国等，宜采用正轴圆锥投影；赤道附近东西方向伸展的地区，宜采用正轴圆柱投影；南北方向延伸的地区，如南美洲的智利和阿根廷，一般采用横轴圆柱投影和多圆锥投影。

由此可见，制图区域的地理位置和形状，在很大程度上决定了所选地图投影的类型。

（2）制图区域的范围。制图区域范围的大小也影响到地图投影的选择。当制图区域范围不太大时，无论选择什么投影，投影变形的空间分布差异也不会太大。对于大国地图、大洲地图、半球地图、世界地图这样的大范围地图而言，可使用的地图投影很多。但是，由于区域较大，投影变形明显，因此，在这种情况下，投影选择的主导因素为区域的地理位置、地图的用途等，这也从另外一个方面说明，地图投影的选择必须考虑多种因素的综合影响。

（3）地图的内容和用途。地图表示什么内容、用于解决什么问题，关系到选用哪种投影。航空、航海、天气、洋流和军事等方面的地图，要求方位正确、小区域的图形能与实地相似，因此需要采用等角投影；行政区划、自然或经济区划、人口密度、土地利用、农业等方面的地图，要求面积正确，以便在地图上进行面积方面的对比分析和研究，需要采用等积投影；有些地图要求各种变形都不太大，如教学地图、宣传地图等，应采用任意投影；等距方位投影从中心至各方向的任一点，具有保持方位角和距离都正确的特点，因此对于城市防空、雷达站、地震观测站等方面的地图，具有重要意义。

（4）出版方式。地图在出版方式上，有单幅地图、系列图和地图集之分。

单幅地图的投影选择比较简单，只需考虑上述的几个因素即可。

对于系列地图来说，虽然表现内容较多，但由于性质接近，通常需要选择同一种类型和变形性质的投影，以利于对相关图幅进行对比分析。

就地图集而言，投影的选择是一件比较复杂的事情。由于地图集是一个统一协调的整体，因此投影的选择应该自成体系，尽量采用同一系统的投影。但不同的图组之间在投影的选择上又不能千篇一律，必须结合具体内容予以考虑。

# 任务 3.4 空 间 数 据 插 值

## 3.4.1 空间插值的概念和原理

在进行某项研究时，由于受到地理数据的数据量大、研究人员感兴趣的区域有所偏重或地形限制等因素影响，故不可能获取某个区域内的所有数据。在实际研究应用中，经常会遇到以下几种情况。

（1）现有的数据不能完全覆盖所要求的区域范围，在进行相关的计算时，需要先进行插值，使得此区域内的数据覆盖率满足计算的要求。例如，将离散的采样点数据内插为连接的数据表面。

（2）现有的连续曲面的数据模型与所需的数据模型不符，需要重新插值。

（3）现有的离散曲面的分辨率、像元大小或方向与所要求的不符，需要重新插值。空间数据插值是 GIS 的智能推测，常用于将离散点的测量数据转换为连续的数据曲面，以便与其他空间现象的分布模式进行比较，它包括空间内插和外推两种算法。

空间内插法是一种通过点的数据推求同一区域其他未知点数据的计算方法；空间外推算法是通过已知区域的数据，推求其他区域数据的方法。

所有的空间插值都遵循一个基本原理——Tobler（托布勒）定理：所有地点都是相互

关联的，近处的相关程度要比远处的高。换言之，空间位置上越靠近的点，越可能具有相似的特征值；而距离越远的点，其特征值相似的可能性越小。然而，还有另外一种特殊的插值方法——分类，它不考虑不同类别测量值之间的空间联系，只考虑分类意义上的平均值或中值，为同类地物赋属性值。主要用于地质、土壤、植被或土地利用的等值区域图或专题地图处理，在"景观单元"或图内部是均匀和同质的，通常被赋给一个均一的属性值，变化发生在边界上。

空间插值的应用很广泛，虽然空间插值经常显式地用于分析，但有时它也会隐含在其他的运算中。例如在显示等高线前，首先需要插值，而这一操作是无需用户直接参与的。空间插值是一项根据可靠的判断和推理，进行推测的工作。空间插值仅仅在连续场模型下才有意义。连续表面空间插值的数据源包括：

（1）野外测量采样数据，采样点随机分布或有规律的线性分布（沿剖面线或沿等高线）。

（2）数字化的多边形图、等值线图。

（3）摄影测量得到的正射航片或卫星影像。

（4）卫星或航天飞机得到的扫描影像。

空间插值的数据通常是复杂空间变化有限的采样点的测量数据，这些已知的测数称为硬数据。如果在采样点数据比较少的情况下，可以根据已知的导致某种空间变化的自然过程或现象的信息机理，辅助进行空间插值，这种已知的信息机理称为软信息。通常情况下，由于不清楚这种自然过程机理，往往不得不对该问题的属性在空间的变化作一些假设，例如假设采样点之间的数据变化是平滑变化的，并假设服从某种分布概率和统计稳定性关系。

### 3.4.2　空间插值方法

空间插值方法可以分为整体内插和局部插值两类。整体内插，就是在整个区域用一个数学函数来表达地形曲面。整体内插函数通常是高次多项式，要求地形采样点的个数大于或等于多项式的系数数目。局部插值仅仅用邻近的数据点来估计未知点的值。

1. 整体内插法

整体内插由于不容易得到稳定的数值解、解算速度慢且对计算机容量要求较高、不能提供内插区域的局部地形特征和多项式系数物理意义不明显等原因，通常不直接用于空间插值，而用来检测不同于总趋势的最大偏离部分，在去除宏观地物特征后，可用剩余残差来进行局部插值。由于整体插值将短尺度的局部的变化看作随机的和非结构的噪声，从而丢失了这一部分信息。局部插值恰好能弥补整体插值的缺陷，可用于局部异常值，而且不受插值表面上其他点的内插值影响。

整体内插法主要采用趋势面拟合技术，描述大范围空间渐变特征最简单的方法是多项式回归分析。多项式回归的基本思想是用多项式表示线（数据是一维时）或面（数据是二维时）按最小二乘法原理对数据点进行的拟合。一维的拟合称为线拟合技术，但地理信息系统研究的对象在空间上和时间上都有复杂的分布特征，在空间上的分布常是不规则的曲面，数据往往是二维的，而且以更为复杂的方式变化，一维拟合技术不能反映区域性趋势变化，因此必须利用趋势面分析技术。其基本思想是：用函数所代表的面来逼近（或拟合）现象特征的趋势变化。

当数据为一维（$x$）时，如图 3.14 所示，这种变化可用回归线近似表示为：

$$z=b_0+b_1x$$

但实际空间中，数据往往是二维的，而且以更复杂的方式变化，如图 3.15 所示，在这种情况下需用二次或高次多项式。

二次线性变化曲面数学模型：$z=b_0+b_1x+b_2y$

二次趋势面数学模型：$z=b_0+b_1x+b_2y+b_3x^2+b_4xy+b_5y^2$

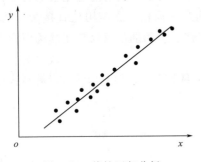

图 3.14 线性回归分析

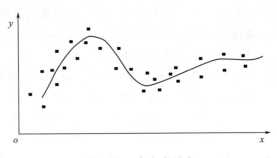

图 3.15 高次多项式

回归函数的次数并非越高越好，在实际工作中，一般只用到二次，超过三次的复项多项式往往会导致解的奇异，高次趋势面不仅计算复杂（如六次趋势面方程系数达 28 个），而且次数高的多项式在观测点逼近方面效果虽好，但各个系数的物理意义不明确，容易导致无意义的地形起伏现象。

趋势面是平滑函数，很难正好通过原始数据点，除非数据点少而且曲面的次数高才能使曲面正好通过原始数据点。整体趋势面拟合除应用整体空间的独立点外插外，最有成效的应用之一是揭示研究区域中不同于总趋势的最大偏离部分。因此，趋势面分析的主要用途是在利用某种局部内插方法以前，可以利用整体趋势拟合技术从数据中去掉一些宏观地物特征，而不把它直接用于区域内插。

2. 局部插值法

局部插值只使用邻近的数据点来估计未知点的值，包括以下几个步骤。

（1）定义一个邻域或搜索范围。

（2）搜索落在此邻域范围的数据点。

（3）选择表达有限个点的空间变化的数学函数。

（4）为落在规则格网单元上的数据点赋值。重复此步骤，直到格网上的所有点赋值完毕。

局部插值有如下几种常见方法。

（1）最近邻点法——泰森多边形方法。泰森多边形（Thiessen，又称 Voronoi 多边形）采用了一种极端的边界内插方法，只用最近的单个点进行区域插值。泰森多边形按数据点位置将区域分割成子区域，每个子区域包含一个数据点，各子区域到其内数据点的距离小于任何到其他数据点的距离，并用其内数据点进行赋值。连接所有数据点的连线形成狄洛尼（Delaunay）三角形，与不规则三角网具有相同的拓扑结构。

GIS 和地理分析中经常采用泰森多边形进行快速的赋值，实际上泰森多边形的一个隐含的假设是任何地点的气象数据均使用距它最近的气象站的数据。而实际上，除非是有足够多的气象站，否则这个假设是不恰当的，因为降水、气压、温度等现象是连续变化的，而用泰森多边形插值方法得到的结果图变化只发生在边界上，在边界内都是均质的和无变化的。

（2）样条函数插值方法。在计算机用于曲线与数据点拟合以前，绘图员是使用一种灵活的曲线规逐段的拟合出平滑的曲线。这种灵活的曲线规绘出的分段曲线称为样条。与样条匹配的那些数据点称为桩点，绘制曲线时桩点控制曲线的位置。曲线规绘出的曲线在数学上用分段的三次多项式函数来描述这种曲线，其连接处有连续的一阶和二阶连续导数。

样条函数是数学上与灵活曲线规对等的一个数学等式，是一个分段函数，进行一次拟合只与少数点拟合，同时保证曲线段连接处连续。这就意味着样条函数可以修改少数数据点配准而不必重新计算整条曲线，趋势面分析方法做不到这一点。

由于样条函数是分段函数，每次只用少量数据点，故插值速度快，保留了局部的变化特征。但也存在一些缺点：样条内插的误差不能直接估算，同时在实践中要解决的问题是样条块的定义以及如何在三维空间中将这些"块"拼成复杂曲面，又不引入原始曲面中所没有的异常现象等问题。

（3）克里金法。克里金法最初是由南非金矿地质学家克里金（D. G. Krige）根据南非金矿的具体情况提出的计算矿产储量的方法；按照样品与待估块段的相对空间位置和相关程度来计算块段品位及储量，并使估计误差为最小。然后，法国学者马特隆（G. Matheron）对克里金法进行了详细的研究，使之公式化和合理化。克里金法充分吸收了地理统计的思想，认为任何在空间连续性变化的属性是非常不规则的，不能用简单的平滑数学函数进行模拟，可以用随机表面给予较恰当的描述。

克里金法的适用范围为区域化变量存在空间相关性的情况，即如果变异函数和结构分析的结果表明区域化变量存在空间相关性，则可以利用克里金方法进行内插或外推；否则，是不可行的。其实质是利用区域化变量的原始数据和变异函数的结构特点，对未知样点进行线性无偏、最优估计。无偏是指偏差的数学期望为 0，最优是指估计值与实际值之差的平方和最小。也就是说，克里金方法是根据未知样点有限邻域内的若干已知样本点数据，在考虑了样本点的形状、大小和空间方位，与未知样点的相互空间位置关系，以及变异函数提供的结构信息之后，对未知样点进行的一种线性无偏最优估计。

各种内插方法在不同的地貌地区和不同采点方式下有不同的误差。具体选择时要考虑本章每种方法的适用前提及优缺点，同时考虑应用的特点，从内插精度、速度、计算量等方面选取合理的方法。

# 任务 3.5 图 幅 拼 接

在相邻图幅的边缘部分，由于原图本身的数字化误差，使得同一实体的线段或弧段的坐标数据不能相互衔接，或是由于坐标系统、编码方式等不统一，需进行图幅数据边缘匹配处理。

图幅的拼接总是在相邻两图幅之间进行的，如图 3.16 所示。

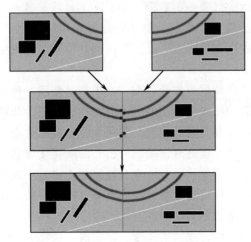

图 3.16　图幅拼接

要将相邻两图幅之间的数据集中起来，就要求相同实体的线段或弧的坐标数据相互衔接，也要求同一实体的属性码相同，因此必须进行图幅数据边缘匹配处理。具体步骤如下。

（1）逻辑一致性的处理。由于人工操作的失误，两个相邻图幅的空间数据库在接合处可能出现逻辑裂隙，如一个多边形在一幅图层中具有属性 A，而在另一幅图层中属性为 B。此时，必须使用交互编辑的方法，使两相邻图斑的属性相同，取得逻辑一致性。

（2）识别和检索相邻图幅。将待拼接的图幅数据按图幅进行编号，编号有 2 位，其中十位数指示图幅的横向顺序，个位数指示纵向顺序，如图 3.17 所示，并记录图幅的长宽标准尺寸。因此，当进行横向图幅拼接时，总是将十位数编号相同的图幅数据收集在一起；进行纵向图幅拼接时，是将个位数编号相同的图幅数据收集在一起。其次，图幅数据的边缘匹配处理主要是针对跨越相邻图幅的线段或弧而言的。为了减少数据容量，提高处理速度，一般只提取图幅边界 2cm 范围内的数据作为匹配和处理的目标。同时要求图幅内空间实体的坐标数据已经进行过投影转换。

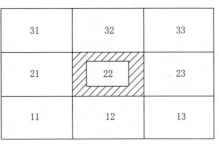

图 3.17　图幅编号及图幅边缘
数据提取范围

（3）相邻图幅边界点坐标数据的匹配。相邻图幅边界点坐标数据的匹配采用追踪拼接法。只要符合下列条件，两条线段或弧段即可匹配衔接：相邻图幅边界两条线段或弧段的左右码各自相同或相反；相邻图幅同名边界点坐标在某一允许值范围内（如±0.5mm）。

匹配衔接时是以一条弧或线段作为处理的单元，因此，当边界点位于两个节点之间时，须分别取出相关的两个节点，然后按照节点之间线段方向一致性的原则进行数据的记录和存储。

（4）相同属性多边形公共边界的删除。当图幅内图形数据完成拼接后，相邻图斑会有相同属性。此时，应将相同属性的两个或多个相邻图斑组合成一个图斑，即消除公共边界，并对共同属性进行合并，如图 3.18 所示。

多边形公共界线的删除，可以通过构成每一面域的线段坐标链，删去其中共同的线段，然后重新建立合并多边形的线段链表。

对于多边形的属性表，除多边形的面积和周长需重新计算外，其余属性保留其中之一图斑的属性即可。

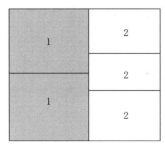 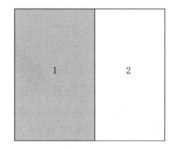

图 3.18  相同属性多边形公共边界的删除

# 任务 3.6  空间数据结构转换

数据格式的转换一般分为两大类：第一类是不同数据介质之间的转换，即将各种不同的源材料信息如地图、照片、各种文字及表格转为计算机可以兼容的格式，主要采用数字化、扫描、键盘输入等方式，这在上一节中已经说明；第二类转换是数据结构之间的转换，而数据结构之间的转化又包括同一数据结构不同组织形式间的转换和不同数据结构间的转换。

同一数据结构不同组织形式间的转换包括不同栅格记录形式之间的转换（如四叉树和游程编码之间的转换）和不同矢量结构之间的转换（如索引式和 DIME 之间的转换）。这两种转换方法要视具体的转换内容根据矢量和栅格数据编码的原理和方法来进行。

不同数据结构间的转换主要包括矢量到栅格数据的转换和栅格到矢量数据的转换两种。

地理信息系统的空间数据结构主要有栅格结构和矢量结构。

## 3.6.1  栅格数据结构

栅格结构是最简单最直观的空间数据结构，又称为网格结构（raster 或 grid cell）或像元结构（pixel），是指将地球表面划分为大小均匀且紧密相邻的网格阵列，每个网格作为一个像元或像素，由行、列号定义，并包含一个代码，表示该像素的属性类型或量值，或仅仅包含指向其属性记录的指针。因此，栅格结构是以规则的阵列来表示空间地物或现象分布的数据组织，组织中的每个数据表示地物或现象的非几何属性特征。如图 3.19 所示，在栅格结构中，点用一个栅格单元表示；线状地物则用沿线走向的一组相邻栅格单元表示，每个栅格单元最多只有两个相邻单元在线上；面或区域用记有区域属性的相邻栅格单元的集合表示，每个栅格单元可有多于两个的相邻单元同属一个区域。任何以面状分布的对象（土地利用、土壤类型、地势起伏、环境污染等），都可以用栅格数据逼近。遥感影像就属于典型的栅格结构，每个像元的数字表示影像的灰度等级。

## 3.6.2  矢量数据结构

地理信息系统中另一种最常见的图形数据结构为矢量结构，即通过记录坐标的方式尽可能精确地表示点、线、多边形等地理实体，坐标空间设为连续，允许任意位置、长度和面积的精确定义。事实上，其精度仅受数字化设备的精度和数值记录字长的限制，在一般

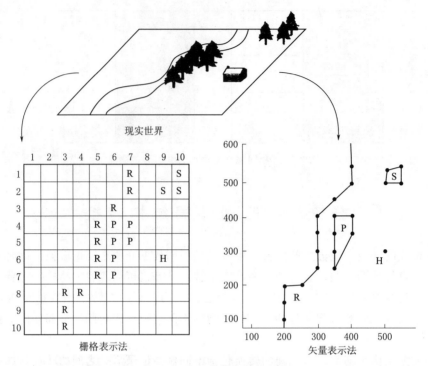

图 3.19  矢量结构和栅格结构

情况下，比栅格结构精度高得多。

　　对于点实体，矢量结构中只记录其在特定坐标系下的坐标和属性代码；对于线实体，在数字化时即进行量化，就是用一系列足够短的直线首尾相接表示一条曲线，当曲线被分割成多而短的线段后，这些小线段可以近似地看成直线段，而这条曲线也可以足够精确地由这些小直线段序列表示，矢量结构中只记录这些小线段的端点坐标，将曲线表示为一个坐标序列，坐标之间认为是以直线段相连，在一定精度范围内可以逼真地表示各种形状的线状地物；"多边形"在地理信息系统中是指一个任意形状、边界完全闭合的空间区域。其边界将整个空间划分为两个部分：包含无穷远点的部分称为多边形外部，另一部分称为多边形内部。把这样的闭合区域称为多边形是由于区域的边界线同前面介绍的线实体一样，可以被看作是由一系列多而短的直线段组成，每个小线段作为这个区域的一条边，因此这种区域就可以看作是由这些边组成的多边形了。

### 3.6.3  栅格结构与矢量结构的比较

　　栅格结构与矢量结构似乎是两种截然不同的空间数据结构，栅格结构"属性明显、位置隐含"，而矢量结构"位置明显、属性隐含"，栅格数据操作总的来说比较容易实现，尤其是作为斑块图件的表示更易于被人们接受；而矢量数据操作则比较复杂，许多分析操作（如两张地图的覆盖操作，点或线状地物的邻域搜索等）用矢量结构实现十分困难，矢量结构表达线状地物是比较直观的，而面状地物则是通过对边界的描述而表达。无论哪种结构，要提高精度，栅格结构需要更多的栅格单元，而矢量结构则需记录更多的线段节点。一般来说，栅格结构只是矢量结构在某种程度上的一种近似，如果要使栅格结构描述的图件取得与矢量结构同样的精度，甚至仅仅在量值上接近，则数据也要比后者大得多。

栅格结构在某些操作上比矢量结构更有效更易于实现，如按空间坐标位置的搜索，对于栅格结构是极为方便的，而对矢量结构则搜索时间要长得多；在给定区域内的统计指标运算，包括计算多边形形状、面积、线密度、点密度，栅格结构可以很快算得结果，而采用矢量结构则由于所在区域边界限制条件难以提取而降低效率，对于给定范围的开窗、缩放，栅格结构也比矢量结构优越。但是，矢量结构用于拓扑关系的搜索则更为高效，即诸如计算多边形形状搜索邻域、层次信息等；对于网络信息只有矢量结构才能完全描述；矢量结构在计算精度与数据量方面的优势也是矢量结构比栅格结构受到欢迎的原因之一。

栅格结构除了可使大量的空间分析模型得以容易实现之外，还具有以下两个特点：①易于与遥感相结合。遥感影像是以像元为单位的栅格结构，可以直接将原始数据或经过处理的影像数据纳入栅格结构的地理信息系统；②易于信息共享。目前还没有一种公认的矢量结构地图数据记录格式，而不经压缩编码的栅格格式即整数型数据库阵列则易于为大多数程序设计人员和用户理解和使用，因此以栅格数据为基础进行信息共享的数据交流较为实用。

许多实践证明，栅格结构和矢量结构在表示空间数据上可以是同样有效的，对于一个GIS软件，较为理想的方案是采用两种数据结构，即栅格结构与矢量结构并存，对于提高地理信息系统的空间分辨率、数据压缩率和增强系统分析、输入输出的灵活性十分重要。两种格式的比较见表 3.2。

表 3.2　　　　　　　　　　　栅格数据结构和矢量数据结构比较

| 特点 | 栅格数据结构 | 矢量数据结构 |
|---|---|---|
| 优点 | 1. 数据结构简单；<br>2. 空间数据的叠置和组合十分方便；<br>3. 各类空间分析都很易于进行；<br>4. 数学模拟方便；<br>5. 技术开发费用低 | 1. 表示地理数据的精度较高；<br>2. 严密的数据结构，数据量小；<br>3. 用网络连接法能完整地描述拓扑关系；<br>4. 图形输出精确美观；<br>5. 图形数据和属性数据的恢复、更新、综合都能实现 |
| 缺点 | 1. 图形数据量大；<br>2. 用大像元减少数据量时，可识别的现象结构将损失大量信息；<br>3. 地图输出不精美；<br>4. 难以建立网络连接关系；<br>5. 投影变换花的时间多 | 1. 数据结构复杂；<br>2. 矢量多边形地图或多边形网很难用叠置方法与栅格图进行组合；<br>3. 显示和绘图费用高，特别是高质量绘图、彩色绘图和晕线图等；<br>4. 数学模拟比较困难；<br>5. 技术复杂，多边形内的空间分析不容易实现 |

### 3.6.4　矢量数据和栅格数据的选择

根据上述比较，在 GIS 建立过程中，应根据应用目的要求、实际应用特点、可能获得的数据精度以及地理信息系统软件和硬件配置情况，在矢量和栅格数据结构中选择合适的数据结构。矢量数据结构是人们最熟悉的图形表达形式，对于线划地图来说，用矢量数据来记录往往比用栅格数据节省存贮空间。相互连接的线网络或多边形网络则只有矢量数据结构模式才能做到，因此矢量结构更有利于网络分析（交通网，供、排水网，煤气管道，电缆等）和制图应用。矢量数据表示的数据精度高，并易于附加上对制图物体的属性所作的分门别类的描述。矢量数据只能在矢量式数据绘图机上输出。目前解析几何被频繁地应用于矢量数据的处理中，对于一些直接与点位有关的处理以及有现成数学公式可循的针对个别符号的操作计算，用矢量数据有其独到的便利之处。矢量数据便于产生各个独立的制图物体，并便于存贮各图形元素间的关系信息。

栅格数据结构是一种影像数据结构，适用于遥感图像的处理。它与制图物体的空间分布特征有着简单、直观而严格的对应关系，对于制图物体空间位置的可探性强，对于探测物体之间的位置关系，栅格数据最为便捷。多边形数据结构的计算方法中常常采用栅格选择方案，而且在许多情况下，栅格方案还更有效。例如，多边形周长、面积、总和、平均值的计算、从一点出发的半径等在栅格数据结构中都简化为简单的计数操作。又因为栅格坐标是规则的，删除和提取数据都可按位置确定窗口来实现，比矢量数据结构方便得多。最近以矢量数据结构为基础发展起来的栅格算法表明存在着一种比以前想象中更为有效的方法去解决某些栅格结构曾经存在的问题。

栅格结构和矢量结构都有一定的局限性。一般来说，大范围小比例的自然资源、环境、农业、林业、地质等区域问题的研究，城市总体规划阶段的战略性布局研究等，使用栅格模型比较合适。城市详细规划、土地管理、公用事业管理等方面的应用，矢量模型比较合适。当然，也可以把两种模型混合起来使用，在同一屏幕上同时显示两种方式的地图。

### 3.6.5 空间数据结构变换

1. 矢量向栅格的转换

矢量向栅格转换又称为多边形填充，就是在矢量表示的多边形边界内部的所有栅格点上赋以相应的多边形编号，从而形成栅格数据阵列。从点、线、面实体转化为栅格单元的过程称之为栅格化，栅格化的首要工作是选择单元的大小和形状，而后检测实体是否落在这些多边形上，记录属性等。

栅格化的过程是个生成二维阵列的过程，主要操作如下。

（1）将点和线实体的角点的笛卡尔坐标转换到预定分辨率和已知位置值的矩阵中。

（2）沿行或沿列利用单根扫描线或一组相连接的扫描线去测试线性要素与单元边界的交叉点，并记录有多少个栅格单元穿过交叉点。

（3）对多边形，测试过角点后，剩下线段处理，这时只要利用二次扫描就可以知道何时到达多边形的边界，并记录其位置与属性值。

2. 栅格向矢量的转换

栅格向矢量的转换是将具有相同属性代码的栅格集合表示为多边形区域的边界与边界的拓扑关系，是将每个边界弧段表示成由多个小直线段组成的矢量格式边界线的过程，这个由栅格单元转换到几何图形的过程称为矢量化。矢量化要保持栅格结构存在的连通性、邻接性与被转换物体外形的正确性。

栅格向矢量的转换从概念上容易理解，但在转换中包括对细化的处理，要将产生大量的多余坐标去除，因此比矢量向栅格转换的算法要复杂得多。栅格向矢量转换中最困难的是边界线搜索与拓扑结构的形成。

栅格向矢量转换通常包括下列步骤。

（1）多边形边界提取与细化：二值化（把 256 个灰度压缩到 2 个灰度，边界线占 1 灰度）通过确定节点和边界点来实现。

（2）边界线追踪：以矢量形式记录栅格点中心的坐标，对已提取的节点或边界点，判断跟踪搜索方向后，由一个节点向另一个节点搜索每一个边界线弧段，直到连成边界弧段为止。

（3）拓扑关系生成：将原栅格数据的边界拓扑关系形成完整的矢量拓扑结构并建立与属性数据的联系。

（4）去除冗余点：在逐个搜索边界点时，遇到边界弧段是直线的情况时，会造成一些多余点，因此必须将这些多余点记录去除。

（5）曲线圆滑：曲线受栅格精度限制一般不圆滑，因此采用一定的插补算法对不圆滑现象进行光滑处理。

通过栅格向矢量转换，可将栅格数据分析的结果，在矢量绘图仪上输出；将大量的面状栅格数据转换为少数矢量数据表示的多边形边界，起到压缩数据的作用；将自动扫描仪获取的栅格数据加入到矢量形式的数据库，从而大大地丰富了地理信息系统数据采集与输入的功能。

# 职 业 能 力 训 练 大 纲

1. 实训目的

通过对 GIS 软件的操作，掌握常见的空间数据处理方法，包括数据编辑、拓扑关系建立、坐标系统与投影、空间数据插值、图幅拼接和空间数据结构转换等。

2. 实训内容

（1）采用不同的方法对空间数据编辑。

（2）空间数据拓扑关系的建立与编辑。

（3）坐标系统定义及其转换。

（4）空间数据的插值。

（5）图幅的拼接处理。

（6）空间数据结构转换。

3. 实训方法

（1）利用 GIS 软件，创建要素，采用不同的方法对其进行编辑。

（2）对编辑后的数据进行拓扑关系的建立与编辑。

（3）空间数据的坐标系统定义，并将其转换到另外的坐标系统。

（4）根据点状数据，采用不同的方法进行空间插值。

（5）对相邻的图幅进行拼接处理。

（6）对矢量数据和栅格数据进行相互转换，实现数据结构的转换。

# 扩展阅读 1    Shapefile    文    件

Shapefile 文件是由 ESRI 公司开发的用于描述空间数据的几何和属性特征的非拓扑实

体矢量数据结构的一种格式。Shapefile 文件在九十年代初的 ArcView GIS 的第二个版本首次被应用，许多程序都可以读取 Shapefile 文件。

Shapefile 是一种比较原始的矢量数据存储方式，它仅仅能够存储几何体的位置数据，而且无法在一个文件之中同时存储这些几何体的属性数据。因此，Shapefile 还必须附带一个二维表用于存储 Shapefile 中每个几何体的属性信息。Shapefile 中许多几何体能够代表复杂的地理事物，并为他们提供强大而精确的计算能力。

Shapefile 文件指的是一种文件存储的方法，实际上该种文件格式是由多个文件组成的。其中，要组成一个 Shapefile，有三个文件是必不可少的，它们分别是 ".shp"，".shx" 与 ".dbf" 文件。表示同一数据的一组文件其文件名前缀应该相同。而其中"真正"的 Shapefile 的后缀为 shp，然而仅有这个文件数据是不完整的，必须要把其他两个附带上才能构成一组完整的地理数据。除了这三个必需的文件以外，还有若干个可选的文件，使用它们可以增强空间数据的表达能力。此外，所有的文件都必须位于同一个目录之中。

（1）必需的文件：

1）∗.shp——用于存储要素几何的主文件；

2）∗.shx——用于存储要素几何索引的索引文件；

3）∗.dbf——用于存储要素属性信息的 dBASE 表。几何与属性是一对一关系，这种关系基于记录编号。dBASE 文件中的属性记录必须与主文件中的记录采用相同的顺序。

（2）其他可选的文件：

1）∗.sbn 和 .sbx——用于存储要素空间索引的文件；

2）∗.fbn 和 .fbx——用于存储只读 shapefile 的要素空间索引的文件；

3）∗.ain 和 .aih——用于存储某个表中或专题属性表中活动字段属性索引的文件；

4）∗.ixs——读/写 shapefile 的地理编码索引；

5）∗.mxs——读/写 shapefile 的地理编码索引；

6）∗.prj——用于存储坐标系信息的文件；

7）∗.xml——ArcGIS 的元数据，用于存储 shapefile 的相关信息；

8）∗.cpg——可选文件，指定用于标识要使用的字符集的代码页。

Shapefile 文件的优点：①基于其非拓扑性，可以使文件迅速在视图中显示出来；②"主题要素"的编辑功能只能在 Shapefile 格式下才能实现；③利用 Shapefile 文件格式可以生成用户感兴趣的"新主题"；④以共同字段属性值为基础，Shapefile 格式易于实现图形要素的合并或分解；⑤其开放性的文件格式不仅与 ARC/INFO 的数据格式完全兼容，而且能够被多种桌面 GIS 软件直接调用。

## 扩展阅读 2 Geodatabase 简 介

Geodatabase 是 ESRI 公司定义的一个为 ArcGIS 所用的数据框架，该框架定义了 ArcGIS 中用到的所有的数据类型。不管 ArcGIS 的数据存储到何处、以什么格式存储，都脱离不了该框架。也可以认为 Geodatabase 是 ArcGIS 所有支持的数据的一组接口，然后各种数据类型和存储方式都实现了该接口。

一个矢量数据，不管其存储成 Shapefile 文件，还是存储在 PersonalGeodatabase（Access）、File Geodatabase（GDB 文件夹）、SDE for Oracle 中，当 ArcGIS 读取出来之后，都是 Feature Class。然后 ArcGIS 通过 Feature Class 对数据进行展示、编辑等，不用关心数据存储在何处以及何种格式。也可以说 Geodatabase 是对 ArcGIS 数据体系的一种规范。

在 Geodatabase 中（也就是 ArcGIS 中）我们常用的元素有表（Table）、要素类（Feature Class）、要素数据集（Feature Dataset）、视图（View）、关系类（Relationship Class）、栅格（Raster）、栅格数据集（Raster Dataset）。在要素数据集中，可以建立地形三角网（Terrain）、网络数据集（Network Dataset）、拓扑（Topology）等，如图 3.20 所示。

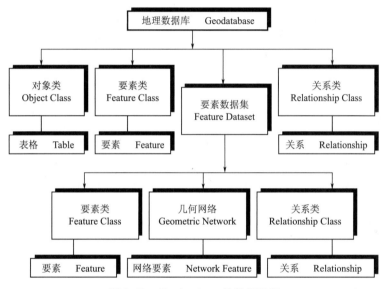

图 3.20　Geodatabase 的数据组织

1. 表

它可以理解为我们平常数据库中的属性表。包含有至少一个字段，记录可以有，也可以没有。

2. 要素类

要素类可认为是带有空间数据的表。除了带有空间数据之外，和表的特性都是一样的。它可以表示湖泊、行政区划、城市等位置数据，也可以在要素类中记录城市的面积、人口、GDP 等属性信息。要素类的各种存储方式也比较类似，一般都会用 Geometry 或者 Shape 的一个字段，来存储要素的空间信息。其根据集合体类型的不同，可以分为点、线和面三大类。

3. 要素数据集

它是一个具有相同空间参考的要素类集合。简单的要素类存储在要素数据集内外都可以，但拓扑等复合要素类必须存储在要素数据集内，以保证作用的数据都处于同一空间参考之下。

一般而言，在以下 3 种情况下，应考虑将不同的要素类存储到一个要素数据集中：

（1）当不同的要素类属于同一范畴。例如，全国范围内某种比例尺的水系数据，其点、线、面类型的要素类可组织为同一个要素数据集。

（2）在同一几何网络中充当连接点和边的各种要素类，必须存储到同一要素数据集中。如配电网络中，有各种开关、变压器、电缆等，它们分别对应点或线类型的要素类，在配电网络建模时，应将其全部考虑到配电网络对应的几何网络模型中去。

（3）对于共享公共几何特征的要素类，如用地、水系、行政区界等。当移动其中的一个要素时，其公共的部分也要求一起移动，并保持这种公共边关系不变。此种情况下，也要将这些要素类存储到同一个要素数据集中。

4. 关系

关系是一种表（要素类）和另一个表（要素类）之间的联系机制。关系类是由一个表（要素类）指向另一个表（要素类）。当第一个要素类中的数据发生变化后，另一个要素类的数据要会发生变化。其概念类似于属性数据库中的视图与触发器概念的结合。例如我们可以把地块和建筑物关联起来，当地块移动的时候，地块内的建筑物可以随着地块自动移动。

5. 拓扑关系

拓扑关系可以为指定的单个或多个要素类执行拓扑规则。例如地块是不能出现交叠、一个地块不能跨越两个行政区划、建筑物必须在地块之内等，都是一些拓扑规则，这些规则建立后可以作用到要素类上，当对这些要素类进行数据编辑时，ArcGIS 对其自动进行拓扑检查。

6. 几何网络

几个要素类可以作为一个整体参与到几何网络的构造。几何网络通过拓扑关系保证参与到几何网络中的各个要素的空间信息的连通性。例如我们有一个阀门图层和管线图层，在两个数据参与到同一几何网络中后，当移动阀门时，水管也会随之延伸，以保持他们在几何上的连通性。

7. 栅格数据集

影像作为栅格表来管理。

对象类、要素类和要素数据集是地理数据库中的基本组成项。当在数据库中创建了这些项目后，就可以向数据库中加载数据，并进一步定义数据库，如建立索引、创建拓扑关系、创建子类、几何网络类、注释类、关系类等。

# 扩展阅读 3 空间数据库

地理信息系统的数据库（简称空间数据库或地理数据库）是某一区域内关于一定地理要素特征的数据集合，是地理信息系统在计算机物理存储介质存储的与应用相关的地理空间数据的总和，一般是以一系列特定结构的文件的形式存储在存储介质之上。换句话说，空间数据库是地理信息系统中用于存储和管理空间数据的场所。

　　空间数据库系统在整个地理信息系统中占有极其重要的地位，是地理信息系统发挥功能和作用的关键，主要表现在：①用户在决策过程中，通过访问空间数据库获得空间数据，在决策过程完成后再将决策结果存储到空间数据库中。可见空间数据库的布局和存储能力对地理信息系统功能的实现和工作的效率影响极大；②如果在组织的所有工作地点都能很容易地存取各种数据，则能使地理信息系统快速响应组织内决策人员的要求，反之，就会妨碍地理信息系统的快速反应；③如果获取空间数据很困难，就不可能进行及时的决策，或者只能根据不完全的空间数据进行决策，这些都可能导致地理信息系统不能得出正确的决策结果。可见空间数据库在地理信息系统中的意义是不言而喻的。空间数据库与一般数据库相比，具有以下特点。

　　（1）数据量特别大。地理信息系统是一个复杂的综合体，要用数据来描述各种地理要素，尤其是要素的空间位置和空间关系等，其数据量往往很大。

　　（2）数据结构复杂。空间数据的组织和存储不同于传统数据，数据结构复杂。并且，顾及数据存储成本和分析需要，空间数据的类型较多，且大多数数据类型都有复杂的存储结构。

　　（3）数据关系多样。地理信息不仅有地理要素的空间信息和属性数据，而且要定义空间信息之间、属性信息之间、空间信息和属性信息之间的空间关系和逻辑关系。仅空间关系，就存在多种复杂的拓扑关系。

　　（4）数据应用广泛。例如可应用在地理研究、环境保护、土地利用和规划、资源开发、生态环境、市政管理、道路建设等方面。

# 复 习 思 考 题

1. 对已有地图进行数字化，在数字化过程中的错误有哪些？

2. GIS 空间数据编辑的主要内容和方法有哪些？

3. 多边形的拓扑规则有哪些？

4. 为什么要进行图幅拼接，如何实现图幅拼接？

5. GIS 系统中，为什么需要做栅格数据和矢量数据之间的转换？

6. 什么是数据处理？数据处理有什么意义？

7. 何谓矢量结构？有哪些特点？

8. 何谓栅格结构？有哪些特点？

9. 空间数据插值方法有哪些？

10. 什么是空间数据结构？有哪几种数据结构？

11. 数字化地图为什么要对要素进行分层？

12. 如何发现进入 GIS 中的数据有错误？

# 模块 4 空 间 分 析

【模块概述】

空间分析是在一系列空间算法的支持下，以地学原理为依托，根据地理对象在空间中的分布特征，获取地理现象或地理实体的空间位置、空间形态、空间关系、时空演变和空间相互作用等信息并预测其未来发展趋势的分析技术，其目的是探求空间对象之间的空间关系，并从中发现规律，解决地理空间的实际问题，为综合分析和辅助决策提供重要依据。

地理信息系统的空间分析功能包括空间查询、缓冲区分析、叠置分析、数字高程模型分析、空间网络分析等，这些分析功能为用户提供了解决多种问题的有效手段，是地理信息系统的重要组成部分。

【学习目标】

1. 知识目标：

（1）掌握空间数据查询方法。

（2）掌握空间数据缓冲区分析和叠置分析方法。

（3）掌握数字高程模型的建立与分析方法。

（4）掌握空间数据网络分析方法。

2. 技能目标：

（1）能利用 GIS 软件进行各种信息查询。

（2）能进行空间数据缓冲区分析和叠置分析。

（3）能进行数字高程模型的建立与分析。

（4）能进行空间数据网络分析。

3. 态度目标：

（1）具有吃苦耐劳精神和勤俭节约作风。

（2）具有爱岗敬业的职业精神。

（3）具有良好的职业道德和团结协作能力。

（4）具有独立思考和解决问题的能力。

## 任务 4.1 空 间 查 询

查询和定位空间对象，并对空间对象进行量算是地理信息系统的基本功能之一，它是地理信息系统进行高层次分析的基础。在地理信息系统中，为进行高层次分析，往往需要查询定位空间对象，并用一些简单的量测值对地理分布或现象进行描述，如长度，面积，距离，形状等。

图形与属性互查是最常用的查询，主要有两类：第一类是按属性信息的要求来查询定位空间位置，称为"属性查图形"。如在中国行政区划图上查询人口大于 4000 万且城市人口大于 1000 万的省有哪些，这和一般非空间的关系数据库的结构化查询语言（Structured Query Language，SQL）查询没有区别，查询到结果后，再利用图形和属性的对应关系，进一步在图上用指定的显示方式将结果定位绘出。第二类是根据对象的空间位置查询有关属性信息，称为"图形查属性"。如一般地理信息系统软件都提供一个"INFO"工具，让用户利用光标，用点选、画线、矩形、圆、不规则多边形等工具选中地物，并显示出所查询对象的属性列表，可进行有关统计分析。该查询通常分为两步，首先借助空间索引，在地理信息系统数据库中快速检索出被选空间实体，然后根据空间实体与属性的连接关系即可得到所查询空间实体的属性列表。

在大多数 GIS 软件中，提供的空间查询方式有以下几种。

### 4.1.1　基于空间关系查询

空间实体间存在着多种空间关系，包括拓扑、顺序、距离、方位等关系。通过空间关系查询和定位空间实体是地理信息系统不同于一般数据库系统的功能之一。如查询满足下列条件的城市：①在京沪线的东部；②距离京沪线不超过 50km；③城市人口大于 100 万；④城市选择区域是特定的多边形。整个查询计算涉及了空间顺序方位关系（京沪线东部），空间距离关系（距离京沪线不超过 50km），空间拓扑关系（使选择区域是特定的多边形），甚至还有属性信息查询（城市人口大于 100 万）。

面、线、点之间相互关系的查询包括以下几种。

（1）面面查询：包括邻接关系、重叠关系和包含关系等的查询，如与某个多边形相邻的多边形有哪些。

（2）面线查询：包括邻接关系、交叉关系和包含关系等的查询，如某个多边形的边界有哪些线。

（3）面点查询：包括邻接关系和包含关系等的查询，如某个多边形内有哪些点状地物。

（4）线面查询：包括邻接关系和包含关系等的查询，如某条线经过（穿过）的多边形有哪些，某条链的左右多边形是哪些。

（5）线线查询：包括邻接关系、重叠关系、交叉关系和包含关系等的查询，如与某条河流相连的支流有哪些，某条道路跨过哪些河流。

（6）线点查询：包括邻接关系和包含关系等的查询，如某条道路上有哪些桥梁，某条输电线上有哪些变电站。

（7）点面查询：包括邻接关系和包含关系等的查询，如某个点落在哪个多边形内。

（8）点线查询：包括邻接关系和包含关系等的查询，如某个节点由哪些线相交而成。

### 4.1.2　基于属性数据的查询

GIS 中基于属性数据的查询包括两个方面的内容：由地物目标的某种属性数据（或者属性集合）查询该目标的其他属性信息；由地物目标的属性信息查询其对应的图形信息。

目前 GIS 的地物属性数据库大多是以传统的关系数据库为基础的，因此基于属性的 GIS 查询可以通过关系数据库的 SQL 语言进行查询。一般来说，地物的图形数据和属性数据是分开存贮的，图形和属性之间通过目标的 ID 码进行关联，通过 SQL 语言操作数据库进行查询。

### 4.1.3 图形属性混合查询

GIS 中的查询往往不仅仅是单一的图形或者属性信息查询，而是包含了两者的混合查询。混合查询中有两个方面是比较重要的，一是查询条件的分离，二是查询的优化。对于多条件的混合查询，查询的条件要分离为对图形和属性的查询，在相应的图形数据和属性数据库中查询，结果为二者的交集。查询优化在多条件查询情况下可以通过调整查询顺序来提高查询的执行效率。

### 4.1.4 地址匹配查询

根据街道的地址来查询事物的空间位置和属性信息是地理信息系统特有的一种查询功能，这种查询利用地理编码、输入街道的门牌号码，就可知道大致的位置和所在的街区。它对空间分布的社会、经济调查和统计很有帮助，只要在调查表中添加了地址，地理信息系统就可以自动地从空间位置的角度来统计分析各种经济社会调查资料。另外这种查询也经常用于公用事业管理、事故分析等方面，如邮政、通信、供水、供电、治安、消防、医疗等领域。

# 任务 4.2 缓 冲 区 分 析

缓冲区分析是指以点、线、面实体为基础，自动建立其周围一定宽度范围内的缓冲区多边形图层，然后建立该图层与目标图层的叠置，进行分析而得到所需结果。它是用来解决邻近度问题的空间分析工具之一。

### 4.2.1 缓冲区的类型

1. 点的缓冲区

基于点要素的缓冲区，通常是以点为圆心、以一定距离为半径的圆，如图 4.1 所示。

图 4.1　点缓冲区

2. 线的缓冲区

基于线要素的缓冲区，通常是以线为中心轴线，距中心轴线一定距离的平行条带多边形，如图 4.2 所示。

3. 面的缓冲区

基于面要素多边形边界的缓冲区，向外或向内扩展一定距离以生成新的多边形，如

图 4.2　线缓冲区

图 4.3 所示。

图 4.3　面缓冲区

### 4. 多重缓冲区

在建立缓冲区时，缓冲区的宽度也就是邻域的半径并不一定是相同的，可以根据要素的不同属性特征，规定不同的邻域半径，以形成可变宽度的缓冲区。例如，沿河流绘出的环境敏感区的宽度应根据河流的类型而定。这样就可根据河流属性表，确定不同类型的河流所对应的缓冲区宽度，以产生所需的缓冲区，如图 4.4 所示。

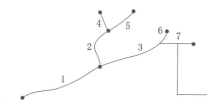

| 河流识别码 | 属性类型 | 缓冲区宽度/m |
| --- | --- | --- |
| 1 | 3 | 1200 |
| 2 | 2 | 800 |
| 3 | 2 | 800 |
| 4 | 1 | 0 |
| 5 | 1 | 0 |
| 6 | 1 | 0 |
| 7 | 1 | 0 |

（a）属性表

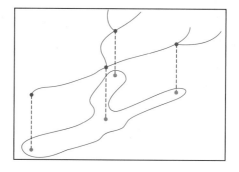

（b）多重缓冲结果

图 4.4　多重缓冲区

71

### 4.2.2 缓冲区的建立

1. 点缓冲区的建立

点缓冲区的建立从原理上来说相当地简单，即建立以点状要素为圆心、半径为缓冲区距离的圆周所包围的区域，其算法的关键是确定点状要素为中心的圆周。若要将多个点缓冲区合并，则可采用圆弧弥合的方法：将圆心角等分，用等长的弧代替圆弧，即用均匀步长的直线段逼近圆弧。

2. 线缓冲区的建立

线缓冲区的建立是以线状目标为参考轴线，以轴线为中心向两侧沿法线方向平移一定距离，并在线端点处以光滑曲线连接，所得到的点组成的封闭区域即为线状目标的缓冲区。生成线状目标缓冲的过程实质上是一个对线状目标上的坐标点逐点求得其缓冲点的过程。其关键算法是缓冲区边界点的生产和多个缓冲区的合并。缓冲区边界点的生成有多种算法，代表性的有角平分线法和凸角圆弧法。

（1）角平分线法。角平分线法的基本思想是：在轴线首尾处作轴线的垂线，按缓冲区半径 $R$ 截出左右边线的起止点并对轴线作其平行线；在轴线的其他转折点上，用与该线所关联的两邻线段的平行线的交点来生成缓冲区对应顶点，如图 4.5 所示。

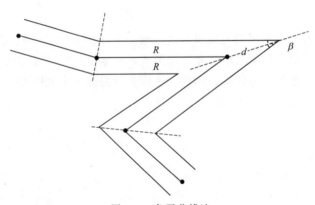

图 4.5　角平分线法

角平分线法的缺点是难以最大限度保证双线的等宽性，尤其是在凸侧角点在进一步变锐时，将远离轴线顶点。当缓冲区半径不变时，$d$ 随张角 $\beta$ 的减小而增大，结果在尖角处双线之间的宽度遭到破坏。因此，为克服角平分线法的缺点，要有相应的补充判别方案，用于校正所出现的异常情况。但由于异常情况不胜枚举，导致校正措施复杂。

（2）凸角圆弧法。在轴线首尾点处，作轴线的垂线并按双线和缓冲区半径截出左右边线起止点；在轴线其他转折点处，首先判断该点的凸凹性，在凸侧用圆弧弥合，在凹侧则用前后两邻边平行线的交点生成对应顶点。这样外角以圆弧连接，内角直接连接，线段端点以半圆封闭，如图 4.6 所示。

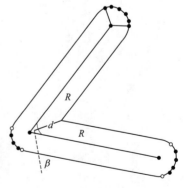

图 4.6　凸角圆弧法

在凹侧平行边线相交在角分线上。交点距对应顶点的距离与角分线法类似公式：

$$d = R / \sin(\beta / 2)$$

该方法最大限度地保证了平行曲线的等宽性，避免了角平分线法的众多异常情况。

3. 面缓冲区的建立

面要素的缓冲区生成算法的基本思路与线要素的缓冲区生成算法基本相同。以面要素的边界为轴线，以缓冲距离 $R$ 向外或向内扩展一定的距离，形成面要素的缓冲区多边形，分别为正缓冲区和负缓冲区。

# 任务 4.3 叠 置 分 析

叠置分析是 GIS 最常用的提取空间信息的手段之一。该方法源于传统的透明材料叠置，即把来自不同数据源的图纸绘于透明薄膜上，在透图桌上将其叠放在一起，然后用笔勾出感兴趣的部分，即提取出感兴趣的信息。GIS 的叠置分析是将有关主题层组成的数据层面，进行叠置产生一个新数据层面的操作，其结果综合了原来两层或多层要素所具有的属性。叠置分析不仅包含空间关系的比较，还包括属性关系的比较。需要注意的是，被叠置的要素层面必须是基于相同坐标系统的、基准面相同的、同一区域的数据。

从叠置条件看，叠置分析分条件叠置和无条件叠置两种。条件叠置是以特定的逻辑、算术表达式为条件，对两组或两组以上的图件中的相关要素进行叠置。GIS 中的叠置分析，主要是条件叠置。无条件叠置也称全叠置，是将同一地区、同一比例尺的两图层或多图层进行叠合，得到该地区多因素组成的新分区图。

从数据结构看，叠置分析有矢量叠置分析和栅格叠置分析两种。他们分别针对矢量数据结构和栅格数据结构，两者都用来求解两层或两层以上数据的某种集合，只是矢量叠置是实现拓扑叠置，得到新的空间特性和属性关系；而栅格叠置得到的是新的栅格属性。

## 4.3.1 矢量数据的叠置分析

矢量数据叠置分析的对象主要有点、线、面（多边形），他们之间的互相叠置组合可以产生多种不同的叠置分析方式，其中较为常用的有点与多边形叠置，线与多边形叠置以及多边形与多边形叠置。

1. 点与多边形叠置

点与多边形叠置，是指一个点图层与一个多边形图层相叠，叠置分析的结果往往是将其中一个图层的属性信息注入另一个图层中，然后更新得到的数据图层。基于新数据图层，通过属性直接获得点与多边形叠置所需要的信息。

点与多边形叠置是首先计算多边形对点的包含关系，矢量结构的 GIS 能够通过计算每个点相对于多边形线段的位置，判断点是否在一个多边形中的空间关系，其次是进行属性信息处理，最简单的方式是将多边形属性信息叠置到其中的点上，或点的属性叠置到多边形上，用于标识该多边形，如图 4.7 所示。通过点与多边形叠置可以查询每个多边形里有多少个点，以及落入各多边形内部的点的属性信息。

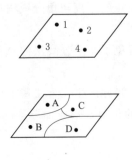

| 点号 | 属性1 | 属性2 | 多边形号 | 属性5 |
|---|---|---|---|---|
| 1 | | | A | |
| 2 | | | C | |
| 3 | | | B | |
| 4 | | | D | |

图 4.7　点与多边形叠置

### 2. 线与多边形叠置

线与多边形的叠置，是比较线上坐标与多边形坐标的关系，判断线是否落在多边形内。计算过程通常是计算线与多边形的交点，只要相交，就产生一个节点，将原线打断成一条条弧段，并将原线和多边形的属性信息一起赋给新弧段。叠置的结果产生了一个新的数据层面，每条线被它穿过的多边形打断成新弧段图层，同时产生一个相应的属性数据表记录原线和多边形的属性信息，如图 4.8 所示。根据叠置的结果可以确定每条弧段落在哪个多边形内，可以查询指定多边形内指定线穿过的长度。如果线状图层为河流，叠置的结果是多边形将穿过它的所有河流分割成弧段，可以查询任意多边形内的河流长度，进而计算河流密度等；如果线状图层为道路网，叠置的结果可以得到每个多边形内的道路网密度，内部的交通流量，进入、离开各个多边形的交通量，相邻多边形之间的相互交通量。

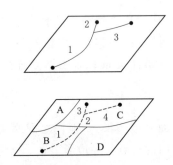

| 线号 | 原线号 | 多边形号 |
|---|---|---|
| 1 | 1 | B |
| 2 | 1 | C |
| 3 | 2 | C |
| 4 | 3 | C |

图 4.8　线与多边形叠置

### 3. 多边形与多边形叠置

多边形与多边形叠置是指同一地区、同一比例尺的两组或两组以上的多边形要素的数据文件进行叠置。参加叠置分析的两个图层应都是矢量数据结构。若需进行多层叠置，也是两两叠置后再与第三层叠置，依次类推。其中被叠置的多边形为本底多边形，用来叠置的多边形为上覆多边形，叠置后产生具有多重属性的新多边形。

其基本的处理方法是，根据两组多边形边界的交点来建立具有多重属性的多边形或进行多边形范围内的属性特性的统计分析。其中，前者叫作地图内容的合成叠置，如图 4.9 所示，后者称为地图内容的统计叠置，如图 4.10 所示。

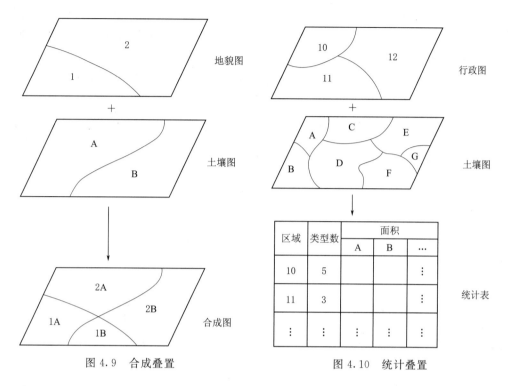

图 4.9　合成叠置

图 4.10　统计叠置

合成叠置的目的，是通过区域多重属性的模拟，寻找和确定同时具有几种地理属性的分布区域。或者按照确定的地理指标，对叠置后产生的具有不同属性的多边形进行重新分类或分级，因此叠置的结果为新的多边形数据文件。统计叠置的目的，是准确地计算一种要素（如土地利用）在另一种要素（如行政区域）的某个区域多边形范围内的分布状况和数量特征（包括拥有的类型数、各类型的面积及所占总面积的百分比等），或提取某个区域范围内某种专题内容的数据。

叠置过程可分为几何求交过程和属性分配过程两步。几何求交过程首先求出所有多边形边界线的交点，再根据这些交点重新进行多边形拓扑运算，对新生成的拓扑多边形图层的每个对象赋予多边形唯一标识码，同时生成一个与新多边形对象一一对应的属性表。由于矢量结构的有限精度原因，几何对象不可能完全匹配，叠置结果可能会出现一些碎屑多边形（Silver Polygon），如图 4.11 所示。通常可以设定一模糊容限以消除它。

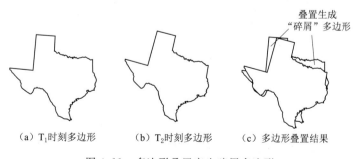

（a）T$_1$时刻多边形　（b）T$_2$时刻多边形　（c）多边形叠置结果

图 4.11　多边形叠置产生碎屑多边形

多边形叠置结果通常把一个多边形分割成多个多边形，属性分配过程最典型的方法是将输入图层对象的属性拷贝到新对象的属性表中，或把输入图层对象的标识作为外键，直接关联到输入图层的属性表。这种属性分配方法的理论假设是多边形对象内属性是均质的，将它们分割后，属性不变。也可以结合多种统计方法为新多边形赋属性值。

多边形叠置完成后，根据新图层的属性表可以查询原图层的属性信息，新生成的图层和其他图层一样可以进行各种空间分析和查询操作。

根据叠置结果最后欲保留空间特征的不同要求，一般的 GIS 软件都提供了 3 种类型的多边形叠置操作，如图 4.12 所示。

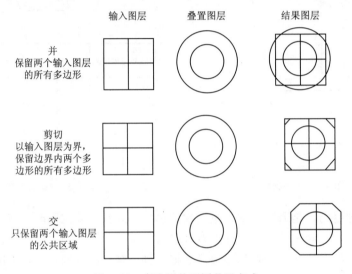

图 4.12　多边形的不同叠置方式

### 4.3.2　栅格数据的叠置分析

栅格数据结构具有空间信息隐含、属性信息明显的特点，可以看作是最典型的数据层面，通过数学关系建立不同数据层面之间的联系是 GIS 提供的典型功能。空间模拟尤其需要通过各种各样的方程对不同数据层面进行叠置运算，以揭示某种空间现象或空间过程。例如土壤侵蚀强度与土壤可蚀性，与坡度、降雨侵蚀力等因素有关，可以根据多年统计的经验方程，把土壤可蚀性、坡度、降雨侵蚀力作为数据层面输入，通过数学运算得到土壤侵蚀强度分布图。这种作用于不同数据层面上的基于数学运算的叠置运算，在地理信息系统中称其为地图代数。地图代数功能有 3 种不同的类型。

（1）基于常数对数据层面进行的代数运算。

（2）基于数学变换对数据层面进行的数学变换（指数、对数、三角变换等）。

（3）多个数据层面的代数运算（加、减、乘、除、乘方等）和逻辑运算（与、或、非、异或等）。

栅格图层叠置的另一形式是二值逻辑叠置，它常作为栅格结构的数据库查询工具。数据库查询就是查找数据库中已有的信息：①单一条件查询，如基于位置信息查询已知地点的土地类型，以及基于属性信息的查询地价最高的位置等；②比较复杂的查询涉及多种复合条件，如查询所有的面积大于 $10hm^2$ 且邻近工业区的全部湿地。这种数据库查询通常分为两步，首先进行再分类操作，为每个条件创建一个新图层，通常是二值图层，1代表所有符合条件，0表示所有不符合条件。然后进行二值逻辑叠置操作得到想查询的结果。逻辑操作类型包括与、或、非、异或等。

# 任务4.4 数字高程模型

## 4.4.1 概述

数字高程模型（Digital Elevation Model，DEM）是通过有限的地形高程数据实现对地形曲面的数字化模拟（即地形表面形态的数字化表示），它是对二维地理空间上具有连续变化特征地理现象的模型化表达和过程模拟。

数字地形模型最初是为了高速公路的自动设计提出来的，此后它被用于各种线路选线（铁路、公路、输电线）的设计以及各种工程的面积、体积、坡度计算，任意两点间的通视判断及任意断面图绘制。在测绘中被用于绘制等高线、坡度坡向图、立体透视图，制作正射影像图以及地图的修测。在遥感应用中可作为分类的辅助数据。它还是地理信息系统的基础数据，可用于土地利用现状的分析、合理规划及洪水险情预报等。在军事上可用于导航及导弹制导、作战电子沙盘等。

一般而言，可将DEM的主要应用归纳为：

（1）作为国家地理信息的基础数据。

（2）土木工程、景观建筑与矿山工程的规划与设计。

（3）为军事目的（军事模拟等）而进行的地表三维显示。

（4）景观设计与城市规划。

（5）流水线分析、可视性分析。

（6）交通路线的规划与大坝的选址。

（7）不同地表的统计分析与比较。

（8）生成坡度图、坡向图、剖面图，辅助地貌分析，估计侵蚀和径流等。

（9）作为背景叠置各种专题信息如土壤、土地利用及植被覆盖数据等，以进行显示与分析等。

## 4.4.2 DEM 的表示模型

### 1. 规则格网模型

规则网格，通常是正方形，也可以是矩形、三角形等规则网格。规则网格将区域空间切分为规则的格网单元，每个格网单元对应一个数值。规则格网模型在数学上可以表示为一个矩阵，在计算机实现中则是一个二维数组。每个格网单元或数组的一个元素，对应一个高程值，如图4.13所示。

对于每个格网的数值有两种不同的解释。第一种是格网栅格观点，认为该格网单元的数值是其中所有点的高程值，即格网单元对应的地面面积内高程是均一的高度，这种数字高程模型是一个不连续的函数。第二种是点栅格观点，认为该格网单元的数值是格网中心点的高程或该格网单元的平均高程值，这样就需要用一种插值方法来计算每个点的高程。

| 91 | 78 | 63 | 50 | 53 | 63 | 44 | 55 | 43 | 25 |
|----|----|----|----|----|----|----|----|----|----|
| 94 | 81 | 64 | 51 | 57 | 62 | 50 | 60 | 50 | 35 |
| 100 | 84 | 66 | 55 | 64 | 66 | 54 | 65 | 57 | 42 |
| 103 | 84 | 66 | 56 | 72 | 71 | 58 | 74 | 65 | 47 |
| 96 | 82 | 66 | 63 | 80 | 78 | 60 | 84 | 72 | 49 |
| 91 | 79 | 66 | 66 | 80 | 80 | 62 | 86 | 77 | 56 |
| 86 | 78 | 68 | 69 | 74 | 75 | 70 | 93 | 82 | 57 |
| 80 | 75 | 73 | 72 | 68 | 75 | 86 | 100 | 81 | 56 |
| 74 | 67 | 69 | 74 | 62 | 66 | 83 | 88 | 73 | 53 |
| 70 | 56 | 62 | 74 | 57 | 58 | 71 | 74 | 63 | 45 |

图 4.13　格网 DEM

计算任何不是格网中心的数据点的高程值，使用周围 4 个中心点的高程值，采用距离加权平均方法进行计算，当然也可使用样条函数和克里金插值方法。

规则格网的高程矩阵，可以很容易地用计算机进行处理，特别是栅格数据结构的地理信息系统。它还可以很容易地计算等高线、坡度坡向、山坡阴影和自动提取流域地形，使得它成为 DEM 最广泛使用的格式，目前许多国家提供的 DEM 数据都是以规则格网的数据矩阵形式提供的。但格网 DEM 也存在如下缺点：

（1）地形简单的地区存在大量冗余数据。

（2）如不改变格网大小，则无法适用于起伏程度不同的地区。

（3）对于某些特殊计算如视线计算时，格网的轴线方向被夸大。

（4）由于栅格过于粗略，不能精确表示地形的关键特征，如山峰、洼坑、山脊、山谷等。为了压缩栅格 DEM 的冗余数据，可采用游程编码或四叉树编码方法。

2. 等高线模型

等高线模型表示高程，高程值的集合是已知的，每一条等高线对应一个已知的高程值，这样一系列等高线集合和它们的高程值一起就构成了一种地面高程模型，如图 4.14 所示。

等高线通常被存成一个有序的坐标点对序列，可以认为是一条带有高程值属性的简单多边形或多边形弧段。由于等高线模型只表达了区域的部分高程值，往往需要一种插值方法来计算落在等高线外的其他点的高程，又因为这些点是落在两条等高线包围的区域内，所以，通常只使用外包的两条等高线的高程进行插值。

3. 不规则三角网模型

不规则角网（Triangulated Irregular Network，TIN）是一种 DEM 表示方法。TIN 模型根据区域有限个采样点取得的离散数据，按照优化组合的原则，把这些离散点（各三角形的顶点）连接成相互连续的三角面，在连接时尽可能地使每个三角形为锐角三角形或

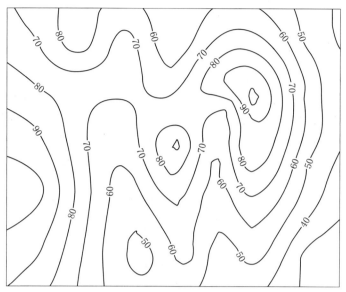

图 4.14 等高线

其三边的长度近似相等,将区域划分为相连的角面网格。

　　TIN 模型根据区域有限个点集将区域划分为相连的三角面网络,区域中任意点落在三角面的顶点、边上或三角形内。如果点不在顶点上,该点的高程值通常通过线性插值的方法得到(在边上用边的两个顶点的高程,在三角形内则用三个顶点的高程)。所以 TIN 是一个三维空间的分段线性模型,在整个区域内连续但不可微。

　　TIN 的数据存储方式比格网 DEM 复杂,它不仅要存储每个点的高程,还要存储其平面坐标、节点连接的拓扑关系、三角形及邻接三角形等关系。TIN 模型在概念上类似于多边形网络的矢量拓扑结构,只是 TIN 模型不需要定义"岛"和"洞"的拓扑关系。

　　有许多种表达 TIN 拓扑结构的存储方式,一个简单的记录方式是:对于每一个三角形、边和节点都对应一个记录,三角形的记录包括三个指向它三条边的记录的指针;边的记录有四个指针字段,包括两个指向相邻三角形记录的指针和它的两个顶点的记录的指针;也可以直接对每个三角形记录其顶点和相邻三角形,如图 4.15 所示。每个节点包括

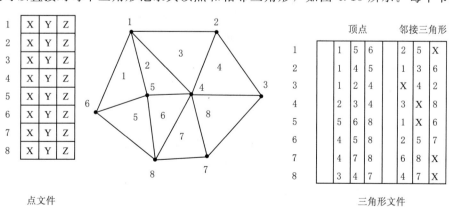

图 4.15 三角网的一种存储方式

三个坐标值的字段,分别存储 $X$,$Y$,$Z$ 坐标。这种拓扑网络结构的特点是对于给定一个三角形查询其三个顶点高程和相邻三角形所用的时间是定长的,在沿直线计算地形剖面线时具有较高的效率。当然可以在此结构的基础上增加其他变化,以提高某些特殊运算的效率,例如在顶点的记录里增加指向其关联的边的指针。

不规则三角网数字高程由连续的三角面组成,三角面的形状和大小取决于不规则分布的测点,或节点的位置和密度。不规则三角网与高程矩阵方法不同之处是随地形起伏变化的复杂性而改变采样点的密度和决定采样点的位置,因而它能够避免地形平坦时的数据冗余,又能按地形特征点如山脊线、山谷线、地形变化线等表示数字高程特征。

4. 层次模型

层次地形模型(Layer of Details)是一种表达多种不同精度水平的数字高程模型。大多数层次模型是基于不规则三角网模型的,通常不规则三角网的数据点越多精度越高,数据点越少精度越低,但数据点多则要求更多的计算资源。所以如果在精度满足要求的情况下,最好使用尽可能少的数据点。层次地形模型允许根据不同的任务要求选择不同精度的地形模型。层次模型的思想很理想,但在实际运用中必须注意几个重要的问题。

(1)层次模型的存储问题,很显然,与直接存储不同,层次的数据必然导致数据冗余。

(2)自动搜索的效率问题,例如搜索一个点可能先在最粗的层次上搜索,再在更细的层次上搜索,直到找到该点。

(3)三角网形状的优化问题,例如可以使用 Delaunay 三角剖分。

(4)模型可能允许根据地形的复杂程度采用不同详细层次的混合模型,例如,对于飞行模拟,近处时必须显示比远处更为详细的地形特征。

(5)在表达地貌特征方面应该一致,例如,如果在某个层次的地形模型上有一个明显的山峰,在更细层次的地形模型上也应该有这个山峰。

这些问题目前还没有一个公认的最好的解决方案,仍需进一步深入研究。

**4.4.3 DEM 的数据源与建立方法**

1. 以航空或航天遥感图像为数据源

该方法是由航空或航天遥感立体像对,用摄影测量的方法建立空间地形立体模型,量取密集数字高程数据,建立 DEM。采集数据的摄影测量仪器包括各种解析的和数字的摄影测量与遥感仪器。摄影测量采样法还可以进一步分成 3 种。

(1)选择采样。在采样之前或采样过程中选择所需采集高程数据的样点(地形特征点:如断崖、沟谷、脊等)。

(2)适应性采样。采样过程中发现某些地面没有包含必要信息时,取消些样点,以减少冗余数据(如平坦地面)。

(3)先进采样法。采样和分析同时进行,数据分析支配采样过程。先进采样在产生高程矩阵时能按地表起伏变化的复杂性进行客观、自动地采样。实际上它是连续的不同密度的采样过程,首先按粗略格网采样,然后在变化较复杂的地区进行精细格网(采样密度增加一倍)采样。由计算机对前两次采样获得的数据点进行分析后,再决定是否需要继续进行高一级密度的采样。

计算机的分析过程是，在前一次采样数据中选择相邻的 9 个点作窗口，计算沿行或列方向邻接点之间的一阶和二阶差分。由于差分中包含了地面曲率信息，因此可按曲率信息选取阈值。如果曲率超过阈值时，则必须进行另一级格网密度的采样。

2. 以地形图为数据源

地形图是地貌形态的传统表达方式，主要通过等高线表达地物高度和地形起伏。以地形图作为数据源，需要对已有地形图上的信息（如等高线）进行数字化，主要是利用数字化仪，目前常用的数字化仪有手扶跟踪数字化仪和扫描数字化仪。DEM 是对地表形态的数字化表示，其建立过程实际上是一种数学建模过程，也就是说地形表面被一组相互组织在一起的地形采样点所表达，如果需要该数学表面上其他位置处的高程值，可应用一种内插方法来处理。空间数据内插技术实现了在离散采样点基础上的连续表面建模，同时也可对未来采样处的属性值进行估计，是分析地理数据空间变化规律和趋势的有力工具。地形图覆盖面广，可获取性强，具有现势性。然而，数字化现有地形图产生的 DEM 在比例尺和综合程度方面存在问题，比直接利用航空摄影测量方法产生的 DEM 质量要差，而且数字化的等高线对于计算坡度或生成着色的地形图不十分适用。

3. 以地面实测记录为数据源

用电子速测仪（全站仪）和电子手簿或测距经纬仪配合 PC1500 等袖珍计算机，在已知点位的测站上，观测到目标点的方向、距离和高差 3 个要素。计算出目标点的 $x$、$y$、$z$ 三维坐标，存储于电子手簿或袖珍计算机中，成为建立 DEM 的原始数据。这种方法一般用于建立小范围大比例尺（比例尺大于 1∶5000）区域的 DEM，对高程的精度要求较高。另外气压测高法获取地面稀疏点集的高程数据，也可用来建立对高程精度要求不高的 DEM。

4. 其他数据源

采用近景摄影测量在地面摄取立体像对，构造解析模型，可获得小区域的 DEM。此时，数据的采集方法与航空摄影测量基本相同。这种方法在山区峡谷、线路工程和露天矿山中有较大的应用价值。

# 任务 4.5  网  络  分  析

现实世界中，若干线状要素相互连接成网状结构，资源沿着这个线性网流动，这样就构成了一个网络。在 GIS 中，作为空间实体的网络与图论中的网络不同。它作为一种复杂的地理目标，除具有一般网络的边、节点间的抽象的拓扑含义之外，还具有空间定位上的地理意义和目标复合上的层次意义。

网络分析是通过模拟、分析网络的状态以及资源在网络上的流动和分配等，研究网络结构、流动效率及网络资源等的优化问题的领域。对地理网络、城市基础设施网络进行地理分析和模型化，是地理信息系统中网络分析功能的主要目的。进行网络分析研究的数学分支是图论和运筹学，它的根本目的是研究、筹划一项基于网络数据的工程如何安排，并使其运行效果最好，如一定资源的最佳分配，从一地到另一地的花费时间最短等，研究内容主要包括选择最佳路径、选择最佳布局中心的位置、资源分配、节点弧段的遍历等。其基本思想则在于人类活动总是趋向于按一定目标选择达到最佳效果的空间位置。这类问题在生产、社会、经济活动中不胜枚举，因此研究此类问题具有重大意义。目前网络分析在电子导航、交通旅游、各种城市管网和配送、急救等领域发挥重要的作用。

### 4.5.1 网络组成和属性

#### 1. 网络组成

网络是现实世界中，由链和节点组成的、带有环路的、并伴随着一系列支配网络中流动之约束条件的线网图形。它是现实世界中的网状系统的抽象表示，可以模拟交通网、通信网、地下水管网、天然气网等网络系统。网络的基本组成部分和属性，如图 4.16 所示。

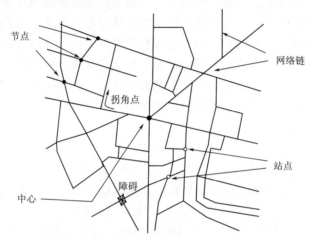

图 4.16　空间网络的构成元素

（1）线状要素——链。网络中流动的管线，是构成网络的骨架，也是资源或通信联络的通道，包括有形物体如街道，河流，水管，电缆线等，无形物体如无线电通信网络等，其状态属性包括阻力和需求。

（2）点状要素。

1）障碍，禁止网络中链上流动的，或对资源或通信联络起阻断作用的点。

2）拐角点，出现在网络链中所有的分割节点上状态属性的阻力，如拐弯的时间和限制（如不允许左拐）。

3）节点，网络链与网络链之间的连接点，位于网络链的两端，如车站、港口、电站等，其状态属性包括阻力和需求。

4）中心，是接受或分配资源的位置，如水库，商业中心、电站等。其状态属性包括资源容量，如总的资源量、阻力限额、中心与链之间的最大距离或时间限制。

5）站点，是指在路径选择中资源增减的站点，如库房、汽车站等其状态属性有要被运输的资源需求，如产品数。

除了基本组成部分外，有时还要增加一些特殊结构，如用邻接点链表来辅助进行路径分析等。

#### 2. 网络中的属性

网络组成部分都是用图层要素形式表示，需要建立要素间的拓扑关系，包括节点-弧段拓扑关系和弧段-节点拓扑关系，并用一系列相关属性来描述。这些属性是网络中的重要部分，一般以表格的方式存储在 GIS 数据库中，以便构造网络模型和网络分析，例如，在城市交通网络中，每一段道路都有名称、速度上限、宽度等；停靠点处有大量的物资等待装载或下卸等属性。在这些属性中，有一些特殊的非空间属性。

（1）阻碍强度。阻碍强度是指资源在网络流动中的阻力大小，如所花的时间、费用等，简称阻强。它是描述链与拐角点所具有的属性。链的阻强描述的是从链的一个节点到另一个节点所克服的阻力，它的大小一般与弧段长度、方向、属性及节点类型等有关。拐角点的阻强描述资源流动方向在节点处发生改变的阻力大小，它随着两条相连链弧的条件状况而变化。若有单行线，则表示资源流在往沿单行线逆向方向的阻力为无穷大或为负值。为了网络分析的需要，一般来说要求不同类型的阻强要统一量纲。

运用阻强概念的目的在于模拟真实网络中各路线及转弯的变化条件。网络分析中选取的资源最优分配和最优路径随着要素阻强的大小变化而变化。最优路径是最小阻力的路线，对不构成通道的链或拐角点往往赋予负的阻强，这样在选取最佳路线时可自动跳过这些链或拐角点。

（2）资源容量。资源容量是指网络中心为了满足各链的需求，能够容纳或提供的资源总数量，也指从其他中心流向该中心或从该中心流向其他中心的资源总量。如水库的总容水量，宾馆的总客容量，货运总站的仓储能力等。

（3）资源需求量。资源需求量是指网络系统中具体的线路、链、节点所能收集的或可以提供给某一中心的资源量。如城市交通网络中沿某条街道的流动人口、供水网络中水管的供水量、货运停靠点装卸货物的件数等。

### 4.5.2 网络的建立

网络分析的基础是网络的建立，一个完整的网络必须首先加入多层点文件和线文件，由这些文件建立一个空的空间图形网络，然后对点和线文件建立起拓扑关系，加入其各个网络属性特征值，如根据网络实际的需要，设置不同阻强值、网络中链的连通性、中心点的资源容量、资源需求量等。一旦建立起网络数据，全部数据被存放在地理数据库中，由数据库的生命循环周期来维持其运作。

### 4.5.3 网络的应用

地理信息系统中的网络分析就是对交通网络、各种网线、电力线、电话线、供排水管线等进行地理分析和模型化，然后再从模型中提炼知识指导实践，从网络分析应用功能的角度上，网络分析可划分为路径分析、资源分配、最佳选址和地址匹配。

1. 路径分析

距离是指两点之间的最短的间隔，同时在讨论距离时，定义这个距离的路径也是其重要的方面。在平面域上，因为欧氏距离的路径是一条直线，对它的确定是直截了当的，所以一般不专门讨论与距离相连的路径问题。在球面上，与距离相连的路径是大圆航线，需要特别的计算，但在给定了两点的地理坐标（地理位置）后，这个路径的计算基本上也是简单易行的。但在一个网络上，给定了两点的位置，在计算两点间的距离时，必须同时考虑与之相关联的路径。因为路径的确定相对复杂，无法直接计算。这就是为什么"计算机网络上两点的距离"在大多数的情况下，都称之为"最短路径计算"。在这里，"路径"显然比"距离"更为重要。

在路径分析中有以下几类的分析处理方向。

（1）静态最佳路径：由用户确定权值关系后，即给定每条弧段的属性，当需求最佳路径时，读出路径的相关属性，求最佳路径。

（2）动态分段技术：给定一条由多段联系组成的路径，要求标注出这条路径上的公里点或要求定位某一公路上的某一点，标注出某条路上从某公里数到另一公里数的路段。

（3）N 条最佳路径分析：确定起点、终点，求代价较小的几条路径，因为在实践中往往仅求出最佳路径并不能满足要求，这可能是因为某种因素不走最佳路径，而走近似最佳路径。

（4）最短路径：确定起点、终点和所要经过的中间点、中间连线，求最短路径。

（5）动态最佳路径分析：实际网络分析中，权值是随着权值关系式变化的，而且可能会临时出现一些障碍点，所以往往需要动态地计算最佳路径。

上述讨论的路径分析中网络要素的属性是固定不变的，在网络分析中属于静态求最优路径。在实际应用中，各网络要素的属性（如阻碍强度）是动态变化的，或者还可能出现新的障碍（如城市交通路况的实时变化），此时需要动态地计算最优路径。有时仅求出单个最优路径仍不够，还需要求出次优路径。

最短路径问题已经在运筹学、计算机科学、空间分析和交通运输工程等领域有广泛研究，对交通、消防、信息传输、救灾、抢险等有着重要的意义。

2. 资源分配

资源分配主要是优化配置网络资源的问题，资源分配的目的是对若干服务中心，进行优化划定每个中心的服务范围，把所有连通链都分配到某一中心，并把中心的资源分配给这些链以满足其需求，也即要满足覆盖范围和服务对象数量，筛选出最佳布局和布局中心的位置。资源分配网络模型由中心点（分配中心）及其状态属性和网络组成。分配有两种方式，一种是由分配中心向四周输出，另一种是由四周向中心集中。这种分配功能可以解决资源的有效流动和合理分配。具体来说，资源分配是根据中心容量以及网线和节点的需求，并依据阻强大小，将网线和节点分配给中心，分配是沿着最佳路径进行的。当网络元素被分配给某个中心点时，该中心拥有的资源量就依据网络元素的需求而缩减，中心资源耗尽，分配即停止。

资源分配模型可用来计算中心地的等时区、等交通距离区、等费用距离区等。可用来进行城镇中心、商业中心或港口等地的吸引范围分析，以用来寻找区域中最近的商业中心，进行各种区划和港口腹地的模拟等。

3. 最佳选址

选址功能是指在一定约束条件下、在某一指定区域内选择设施的最佳位置，它本质上是资源分配分析的延伸，例如连锁超市、邮筒、消防站、飞机场、仓库等的最佳位置的确定。在网络分析中的选址问题一般限定设施必须位于某个节点或某条链上，或者限定在若干候选地点中选择位置。

服务中心选址的步骤具体如下。

（1）对若干候选地点或方案进行资源分配分析。将待规划建设的服务中心与现有的中心合在一起进行资源分配分析，划分服务区，进行不同方案的显示。

（2）对每种选址方案的资源分配或服务区划分结果，计算这些方案中所有参与运行的链的网络运行花费的总和或平均值。

（3）比较各种方案，选择上述花费的总和或平均值为最小的方案即为满足约束条件的最佳地址的选择。

实际中，由于要考虑到很多实际因素，例如学校选址，需要考虑生源问题、环境嘈杂性、交通性等；商场的选址，要考虑交通状况，周围人群的经济能力、消费水平、文化素质问题等。除此之外，选址不但要考虑社会人文因素，还要考虑地形起伏、建筑物的遮挡等，需要将这些实际因素添加进去，得到一个综合指标的最佳选址。

4．地址匹配

地址匹配的实质是对地理位置的查询，它涉及地址的编码。地址匹配与其他网络分析功能结合起来，可以满足实际工作中非常复杂的分析要求。所需输入的数据，包括地址表和含地址范围的街道网络及待查询地址的属性值。这种查询也经常用于公用事业管理、事故分析等方面，如邮政、通信、供水、供电、治安、消防、医疗等领域。

# 职 业 能 力 训 练 大 纲

1．实训目的

通过对 GIS 软件的操作，掌握空间数据的查询、缓冲区分析、叠置分析、数字高程模型和网络分析等。

2．实训内容

（1）采用不同的方法对空间数据进行查询。

（2）对不同的数据类型进行缓冲区分析。

（3）对不同的数据类型进行叠置分析。

（4）采用高程点数据生产数字高程模型。

（5）对已有数据进行网络分析，创建最佳路径。

3．实训方法

（1）利用 GIS 软件，从已有数据中查询有关要素和信息。

（2）利用 GIS 软件，对已有数据创建不同类型的缓冲区。

（3）利用上述缓冲区数据与现有数据进行叠置产生新的数据。

（4）利用 GIS 软件，采用高程点数据生成三角形不规则网，然后生成数字高程模型。

（5）对已有数据建立几何网络，设置网络的属性，寻找不同类型的最佳路径。

# 扩 展 阅 读 空 间 数 据 挖 掘

空间数据挖掘是指从空间数据库中抽取没有清楚表现出来的隐含的知识和空间关系，并发现其中有用的特征和模式的理论、方法和技术。

1. 空间数据挖掘的基本过程

尽管不同于一般的数据挖掘，但空间数据挖掘的步骤与一般数据挖掘没有太大区别。通常认为，在数据库中挖掘出有用的知识和信息遵循以下 6 个步骤。

(1) 数据收集：根据所研究专题的相关领域，充分利用各种数据源，如已有的数据库、旧的文献记载或使用新技术及时得到的第一手资料，做最大范围数据收集，同时要注意甄别，保证数据的准确性。

(2) 数据整理：得到了要分析的对象的数据资料，会发现里面有许多资料或失去了时效性，或有重复、重叠的部分，此时要对各种数据进行初步的整理，清理出失效或失真的数据，并将数据进行统一的存储。

(3) 数据变换：不可能用一种分析方法挖掘出隐含在数据中的所有知识，也不可能用一种分析方法对所有的数据格式进行分析。因此，有必要对数据格式进行变换，以适应当前的分析算法。

(4) 数据挖掘：当确定了要使用的分析算法时，下一步就是设定这种分析模型下的参数并设计合适的数据模式，开始挖掘用户需要的信息。

(5) 模式测试：单一的模式有时候并不能解决问题，或者不能够提供足够的知识供用户参考，所以必须调整参数的选择，改变已有的设计模式，反复进行调试，直到得到足够有效的信息。

(6) 结果表示：有时候潜在的知识虽然被挖掘出来了，但由于缺乏简单的可视化方法，只有专家等少数人才能理解，使得知识的可传播性下降。为了增加易读性，形象的可视化界面和交互技术也是必需的。

以上是数据挖掘的基本步骤，是一个完整的数据挖掘过程，能满足一般用户的知识发现需求。需要指出的是，在数据挖掘的各个步骤中，都受人的主观因素的影响，具有潜在的不确定性。因此，为了确保知识发现的有效性，在数据挖掘的各个步骤中，要求参与人员尽量是专业人士，并且做到实事求是。

2. 空间数据挖掘的方法

(1) 基于概率论的方法。这是一种通过计算不确定性属性的概率来挖掘空间知识的方法，所发现的知识通常被表示成给定条件下某一假设为真的条件概率。在用误差矩阵描述遥感分类结果的不确定性时，可以用这种条件概率作为背景知识来表示不确定性的置信度。

(2) 空间分析方法。这是指采用综合属性数据分析、拓扑分析、缓冲区分析、密度分析、距离分析、叠置分析、网络分析、地形分析、趋势面分析、预测分析等在内的分析模型和方法，用以发现目标在空间上的相连、相邻和共生等关联规则，或挖掘出目标之间的最短路径、最优路径等知识的方法。常用的空间分析方法包括探测性的数据分析、空间相邻关系挖掘算法、探测性空间分析方法、探测性归纳学习方法、图像分析方法等。

(3) 统计分析方法。这是指利用空间对象的有限信息和/或不确定性信息进行统计分析，进而评估、预测空间对象属性的特征、统计规律等知识的方法。它主要运用空间自协方差结构、变异函数或与其相关的自协变量或局部变量值的相似程度实现包含不确定性的空间数据挖掘。

（4）归纳学习方法。即在一定的知识背景下，对数据进行概括和综合，在空间数据库（数据仓库）中搜索和挖掘一般的规则和模式的方法。

（5）空间关联规则挖掘方法。即在空间数据库（数据仓库）中搜索和挖掘空间对象（及其属性）之间的关联关系的算法。最著名的关联规则挖掘算法是 Agrawal 提出的 Apriori 算法；此外还有程继华等提出的多层次关联规则的挖掘算法、许龙飞等提出的广义关联规则模型挖掘方法等。

（6）聚类分析方法。即根据实体的特征对其进行聚类或分类，进而发现数据集的整个空间分布规律和典型模式的方法。

（7）神经网络方法。即通过大量神经元构成的网络来实现自适应非线性动态系统，并使其具有分布存储、联想记忆、大规模并行处理、自学习、自组织、自适应等功能的方法；在空间数据挖掘中可用来进行分类和聚类知识以及特征的挖掘。

（8）决策树方法。即根据不同的特征，以树形结构表示分类或决策集合，进而产生规则和发现规律的方法。采用决策树方法进行空间数据挖掘的基本步骤如下：①首先利用训练空间实体集生成测试函数；②其次根据不同取值建立决策树的分支，并在每个分支子集中重复建立下层节点和分支，形成决策树；③最后对决策树进行剪枝处理，把决策树转化为对新实体进行分类的规则。

（9）粗集理论。一种由上近似集和下近似集来构成粗集，进而以此为基础来处理不精确、不确定和不完备信息的智能数据决策分析工具，较适于基于属性不确定性的空间数据挖掘。

（10）基于模糊集合论的方法。这是一系列利用模糊集合理论描述带有不确定性的研究对象，对实际问题进行分析和处理的方法。基于模糊集合论的方法在遥感图像的模糊分类、GIS 模糊查询、空间数据不确定性表达和处理等方面得到了广泛应用。

（11）空间特征和趋势探测方法。这是一种基于邻域图和邻域路径概念的空间数据挖掘算法，它通过不同类型属性或对象出现的相对频率的差异来提取空间规则。

（12）基于云理论的方法。云理论是一种分析不确定信息的新理论，由云模型、不确定性推理和云变换三部分构成。基于云理论的空间数据挖掘方法把定性分析和定量计算结合起来，处理空间对象中融随机性和模糊性为一体的不确定性属性。它可用于空间关联规则的挖掘、空间数据库的不确定性查询等。

（13）基于证据理论的方法。证据理论是一种通过可信度函数（度量已有证据对假设支持的最低程度）和可能函数（衡量根据已有证据不能否定假设的最高程度）来处理不确定性信息的理论，可用于具有不确定属性的空间数据挖掘。

（14）遗传算法。这是一种模拟生物进化过程的算法，可对问题的解空间进行高效并行的全局搜索，能在搜索过程中自动获取和积累有关搜索空间的知识，并可通过自适应机制控制搜索过程以求得最优解。空间数据挖掘中的许多问题，如分类、聚类、预测等知识的获取，均可以用遗传算法来求解。这种方法曾被应用于遥感影像数据中的特征发现。

（15）数据可视化方法。这是一种通过可视化技术将空间数据显示出来，帮助人们利用视觉分析来寻找数据中的结构、特征、模式、趋势、异常现象或相关关系等空间知识的方法。为了确保这种方法行之有效，必须构建功能强大的可视化工具和辅助分析工具。

（16）计算几何方法。这是一种利用计算机程序来计算平面点集的 Voronoi 图，进而发现空间知识的方法。利用 Voronoi 图可以解决空间拓扑关系、数据的多尺度表达、自动综合、空间聚类、空间目标的势力范围、公共设施的选址、确定最短路径等问题。

（17）空间在线数据挖掘。这是一种基于网络的验证型空间来进行数据挖掘和分析的工具。它以多维视图为基础，强调执行效率和对用户命令的及时响应，一般以空间数据仓库为直接数据源。这种方法通过数据分析与报表模块的查询和分析工具完成对信息和知识的提取，以满足决策的需要。

# 复 习 思 考 题

1. 空间分析的一般步骤是什么？
2. DEM 的生成方法有哪些？
3. 什么叫不规则三角网模型？如何建立？
4. 不规则三角网的优点有哪些？
5. 简述 DEM 的主要用途。
6. 什么是多边形叠置分析？其基本步骤有哪些？
7. 简述缓冲区分析的原理与用途。
8. GIS 中常用的网络分析有哪些？

# 模块 5  GIS 产品输出

**【模块概述】**

空间数据在 GIS 中经过分析处理后，将所提取的信息和处理结果以某种可感知的形式输出，供专业人员在生产、研究和管理中使用。GIS 产品输出是指将 GIS 分析处理的结果表示为用户需要的可以理解的形式，输出方式包括屏幕显示、矢量绘图和打印输出等，GIS 产品的输出形式有地图、图像和统计图表等，而地图图形输出是 GIS 产品输出的主要形式，为此需对地图进行设计。

**【学习目标】**

1. 知识目标：

（1）掌握 GIS 产品的类型和输出方法。

（2）掌握地图设计的方法。

2. 技能目标：

（1）能生产 GIS 产品并输出。

（2）会进行地图元素设计。

3. 态度目标：

（1）具有吃苦耐劳精神和勤俭节约作风。

（2）具有爱岗敬业的职业精神。

（3）具有良好的职业道德和团结协作能力。

（4）具有独立思考和解决问题的能力。

## 任务 5.1  GIS 产品的输出方式与类型

GIS 产品是指经由系统处理和分析，可以直接供专业规划人员或决策人员使用的各种地图、图表、图像、数据报表或文字说明。GIS 产品输出是指将 GIS 分析或查询检索的结果表示为某种用户需要的、可以理解的形式的过程。

### 5.1.1  GIS 产品输出方式

目前，一般地理信息系统软件都为用户提供 3 种主要图形图像输出方式和属性数据报表输出。屏幕显示主要用于系统与用户交互时的快速显示，是比较廉价的输出产品，需以屏幕摄影方式做硬拷贝，可用于日常的空间信息管理和小型科研成果输出；矢量绘图仪制图用来绘制高精度的比较正规的大图幅图形产品；喷墨打印机，特别是高品质的激光打印机已经成为当前地理信息系统地图产品的主要输出设备。表 5.1 列出了主要的图形输出设备。

表 5.1　　　　　　　　　　　　　　　　　主要图形输出设备一览表

| 设　　备 | 图形输出方式 | 精　度 | 特　　点 |
|---|---|---|---|
| 矢量绘图机 | 矢量线划 | 高 | 适合绘制一般的线划地图，还可以进行刻图等特殊方式的绘图 |
| 喷墨打印机 | 栅格点阵 | 高 | 可制作彩色地图与影像地图等各类精致地图制品 |
| 高分辨彩显 | 屏幕像元点阵 | 一般 | 实时显示 GIS 的各类图形、图像产品 |
| 行式打印机 | 字符点阵 | 差 | 以不同复杂度的打印字符输出各类地图，精度差，变形大 |
| 胶片拷贝机 | 光栅 | 较高 | 可将屏幕图形复制至胶片上，用于制作幻灯片或正胶片 |

1. 屏幕显示

由光栅或液晶的屏幕显示图形、图像，通常是比较廉价的显示设备，常用来做人和机器交互的输出设备，其优点是代价低、速度快、色彩鲜艳、且可以动态刷新，缺点是非永久性输出，关机后无法保留，而且幅面小、精度低、比例不准确，不宜作为正式输出设备。但值得注意的是，目前，也往往将屏幕上所显示的图形采用屏幕拷贝的方式记录下来，以在其他软件支持下直接使用。图 5.1 为通过屏幕输出的地图。

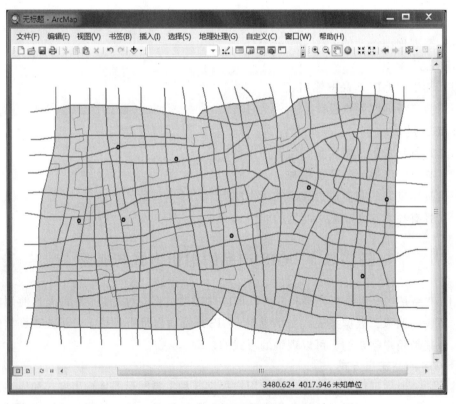

图 5.1　计算机屏幕显示地图

由于屏幕同绘图机的彩色成图原理有着明显的区别，所以，屏幕所显示的图形如果直接用彩色打印机输出，两者的输出效果往往存在着一定的差异。这就为利用屏幕直接进行地图色彩配置的操作带来很大的障碍。解决的方法一般是根据经验制作色彩对比表，依此作为色彩转换的依据。近年来，部分地理信息系统与机助制图软件在屏幕与绘图机色彩输出一体化方面已经做了不少卓有成效的工作。

2. 矢量绘图

矢量制图通常采用矢量数据方式输入，根据坐标数据和属性数据将其符号化，然后通过制图指令驱动制图设备；也可以采用栅格数据作为输入，将制图范围划分为单元，在每一单元中通过点、线构成颜色、模式表示，其驱动设备的指令依然是点、线。矢量制图指令在矢量制图设备上可以直接实现，也可以在栅格制图设备上通过插补将点、线指令转化为需要输出的点阵单元，其质量取决于制图单元的大小。

矢量形式绘图以点、线为基本指令。在矢量绘图设备中通过绘图笔在四个方向（$+X$、$+Y$）、（$-X$，$-Y$）或八个方向（$+X$，0）、（$+X$，$+Y$）、（0，$+Y$）、（$-X$，$+Y$）、（$-X$，0）、（$+X$，$-Y$）、（0，$-Y$）、（$+X$，$-Y$）上的移动形成阶梯状折线组成。由于一般步距很小，所以线划质量较高。在栅格设备上通过将直线经过的栅格点赋予相应的颜色来实现。矢量形式绘图表现方式灵活、精度高、图形质量好、幅面大，其缺点是速度较慢、价格较高，矢量绘图机如图 5.2 所示。矢量形式绘图实现各种地图符号，采用这种方法形成的地图有点位符号图、线状符号图、面状符号图、等值线图、透视立体图等。

图 5.2　矢量绘图机

在图形视觉变量的形式中，符号形状可以通过数学表达式、连接离散点、信息块等方法形成；颜色采用笔的颜色表示；图案通过填充方法按设定的排列、方向进行填充。

3. 打印输出

打印输出一般是直接由栅格方式进行的，可利用以下几种打印机。

（1）行式打印机：打印速度快，成本低，但还通常需要由不同的字符组合表示像元的灰度值，精度太低，十分粗糙，且横纵比例不一，总比例也难以调整，是比较落后的方法。

（2）点阵打印机：点阵打印可用每个针打出一个像元点，点精度达 0.141mm，可打印精美的、比例准确的彩色地图，且设备便宜，成本低，速度与矢量绘图相近，但渲染图比矢量绘图均匀，便于小型地理信息系统采用，目前主要问题是幅面有限，大的输出图需拼接。

（3）喷墨打印机（亦称喷墨绘图仪）：是十分高档的点阵输出设备，输出质量高、速度快，随着技术的不断完善与价格的降低，目前已经取代矢量绘图仪的地位，成为 GIS 产品主要的输出设备，如图 5.3 所示。

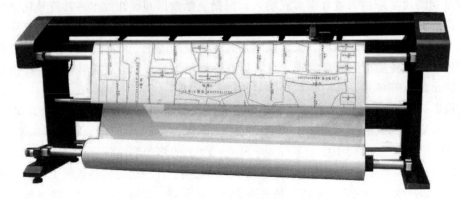

图 5.3　喷墨打印机

（4）激光打印机：是一种既可用于打印又可用于绘图的设备，其绘图的基本特点是高品质、快速。由于目前费用较高，尚未得到广泛普及，但代表了计算机图形输出的基本发展方向。

### 5.1.2　GIS 产品输出类型

1. 地图

地图是空间实体的符号化模型，是地理信息系统产品的主要表现形式，如图 5.4 所示。根据地理实体的空间形态，常用的地图种类有点位符号图、线状符号图、面状符号图、等值线图、三维立体图、晕渲图等。点位符号图在点状实体或面状实体的中心以制图符号表示实体质量特征；线状符号图采用线状符号表示线状实体的特征；面状符号图在面状区域内用填充模式表示区域的类别及数量差异；等值线图将曲面上等值的点以线划连接起来表示曲面的形态；三维立体图采用透视变换产生透视投影使读者对地物产生深度感并表示三维曲面的起伏；晕渲图以地物对光线的反射产生的明暗使读者对三维表面产生起伏感，从而达到表示立体形态的目的，如图 5.5 所示。

图 5.4　普通地图

图 5.5　晕渲地形图

2. 图像

图像也是空间实体的一种模型，它不采用符号化的方法，而是采用人的直观视觉变量（如灰度、颜色、模式）表示各空间位置实体的质量特征。它一般将空间范围划分为规则的单元（如正方形），然后再根据几何规则确定的图像平面的相应位置用直观视觉变量表示该单元的特征，图 5.6 为正射影像地图，图 5.7 为三维模拟地图。

图 5.6　正射影像地图　　　　　图 5.7　三峡库区三维模拟地图

3. 统计图表

非空间信息可采用统计图表表示。统计图将实体的特征和实体间与空间无关的相互关系采用图形表示，它将与空间无关的信息传递给使用者，使得使用者对这些信息有全面、直观的了解。统计图常用的形式有柱状图、扇形图、直方图、折线图和散点图等。统计表格将数据直接表示在表格中，使读者可直接看到具体数据值。统计图表如图 5.8～图 5.10 所示。

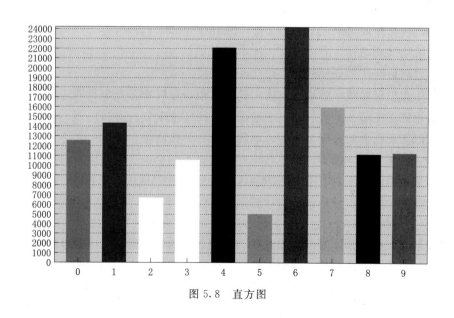

图 5.8　直方图

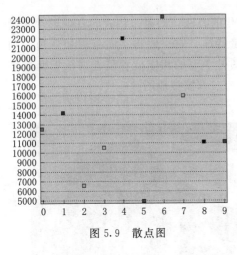

图 5.9　散点图

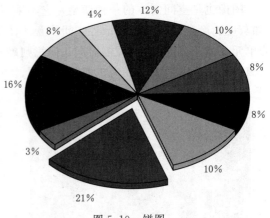

图 5.10　饼图

随着数字图像处理系统、地理信息系统、制图系统以及各种分析模拟系统和决策支持系统的广泛应用，数字产品成为广泛采用的一种产品形式，供信息作进一步的分析和输出，使得多种系统的功能得到综合应用。数字产品的制作是将系统内的数据转换成其他系统采用的数据形式。

### 5.1.3　电子地图简介

随着科学技术的发展，不但测绘地图的基础手段有了很大的变化，地图的载体形态、表现形式也有了新的发展。20 世纪 80 年代中期诞生的电子地图作为一种新型地图，越来越体现出其强大的生命力，并日益受到人们的重视。

电子地图，是利用计算机技术，以数字方式存储和查阅的地图。

1. 电子地图的特点

电子地图与纸质地图相比，具有如下特点。

（1）可以快速存取显示。

（2）可以实现动画。

（3）可以将地图要素分层显示。

（4）利用虚拟现实技术将地图立体化、动态化，令用户有身临其境之感。

（5）利用数据传输技术可以将电子地图传输到其他地方。

（6）可以实现图上的长度、角度、面积等的自动化测量。

2. 电子地图的制作与显示

（1）电子地图的制作。电子地图的制作一般要经过数据源的获取、卫星影像的纠正、数据采集、数据处理、符号化、标注和输出 7 个步骤。

1）数据源的获取。电子地图的基本特征是：遵循一定的数学法则，具有完整的符号系统，经过地图概括，是地理信息的载体。专题地图的主体通常由两部分组成：地图母体和专题信息。主体点、线、面、注记等要素组成和要素的采集、归类和符号化是专题地图制作的关键。专题地图的地图母体由道路、水系、街区、广场、公园、绿地等面类数据，境界、铁路、河流等线类数据，标志建筑、机关企事业单位驻地等点类数据，地名、道路名称等注记类数据组成。专题地图的地图母体数据的点、线、注记类数据可以从数字地形图中提取，面类数据可以从卫星影像中采集提取。卫星影像因其获取方便、现势性好、图面直观、成本低等优点，在专题地图的制作中得到了越来越广泛的应用。专题信息少数可以从数字地形图或已有的信息中提取，多需要外业采集和调绘。

用来编制专题地图的数据源往往具有不同的坐标系统和地图投影，如编制专题地图的卫星影像通常是 WGS84 坐标系的，其地理精度很低需要纠正，使用的数字地形图是 1980 年西安坐标系或其他坐标系，利用导航型的 GNSS 接收机采集的专题信息又是 WGS84 坐标系下的成果。在编制专题地图的过程中，首先应统一各数据源的坐标系统和地图投影。

2）卫星影像的纠正。卫星影像的纠正比栅格地图的纠正特殊，它需要特定的纠正模型，针对不同的卫星需要不同的纠正模型。栅格地图通常采用多项式法进行纠正，这在早期的地形图扫描矢量化中得到了广泛应用。卫星影像若也采用简单的多项式法进行纠正往往达不到理想的效果。

卫星影像纠正的关键是要选好纠正点。纠正点应均匀分布在每个数据的边缘和中心，点位最好选择在影像明显的地物特征点处，如水系交叉口、道路交叉口、房角处等。纠正点实际坐标可以通过现场测绘或从已有的数字地形图成果中提取。为了达到理想的纠正效果，还应提供 DEM 成果，如果影像覆盖范围的地势变化复杂，还应提供精确的 DEM 成果，如果地势较平坦也可以采用同一高程面的 DEM 成果。卫星影像要想纠正到某一坐标系，纠正点就要采用同一坐标系下的成果。

3）数据采集。数据采集时，可以先采集道路中心线数据，再根据道路宽度自动生成道路面类数据，在此基础上再通过数据拓扑获得街区、广场、公园、绿地等面类数据。面类数据的分类可以利用影像来进行，将分类特征输入属性项中。编辑的过程中应注意地类划分的面与面之间不应有交叉和空隙，否则会影响出图效果，需要进行处理。线类数据的编辑要注意不能重复，同一内容的线要素应尽量连通，去掉伪节点，如：铁路、境界等应尽量连成一根。点类数据编辑一般比较简单，只要输入进去就可以，但要注意分类和区分，可以建立相应的属性项来标识。

4）数据处理。由于数据源的不同，矢量数据的坐标系可能不统一，需要进行变换。坐标系统的变换需要提供已知的控制点成果，控制点在两个坐标系统下的坐标成果应该已知，一般至少要有 3 个已知点。

专题地图通常只表示平面位置信息，要想表示地势信息，可以套合等高线进行表示，也可以通过叠加 TIN 的方式来表示。叠加 T1N 的方式可以增加平面图的立体效果，地势变化也比较直观醒目。

5）符号化。专题地图制作的关键是地图要素的配色和符号化。对于点类要素主要是点状符号的设计和配色，对于线类要素主要是线型的制作和配色，对于面类要素主要是填充符号的设计和颜色搭配。

在专题地图配色和符号化的过程中，要反复进行实验和比较，符号的设计和颜色的搭配要具有一定的美感。符号设计要简洁美观形象生动，颜色搭配要合理协调，这是一项认真而细致的工作。

6）标注。标注是专题地图制作必不可少的，也是很关键的。专题地图的标注可以通过显示属性项内容的方式进行标注,也可以通过文本工具进行标注。前者用得较少,因为标注的内容和位置随意性大,一般只用来进行显示。后者用得较多,可以先将地物属性项的内容转换成文本,再进行字体、大小和位置的调整。

标注的内容应包括各类地物的名称或说明,如:机关企事业单位名称、餐饮旅店名称、教育文化娱乐场所名称、金融商场等服务场所名称、公园广场旅游景点等地名、道路和水系名称、公交站点和线路名称等。

标注的另一项重要内容是图名、比例尺、编制单位、编制日期、图例等地图属性信息。

标注的形式要按照类别进行区分,不同类地物的标注的字体、大小和颜色应有区别,同类的地物标注应尽量一致,文字标注的位置、朝向和顺序要符合常理和认图习惯,不能有交叉和歧义,如:文字的顺序应符合光影法则,河流注记应采用蓝色耸肩字体等。

7)输出。专题地图应根据显示终端的特点输出相应的格式,如:emf 格式、eps 格式、ai 格式、tif 格式等。栅格格式的电子地图对显示终端的要求最低,不需要特定的应用软件,但不能对图内的要素进行统计分析;矢量格式的电子地图,在显示终端需要特定的软件支持,可以进行简单的空间运算或统计分析。

(2)电子地图的显示。目前电子地图可以在很多终端上显示,如:CRT 显示器、LCD 显示器、投影仪、PDA、手机、电视、导航仪等。正是电子地图显示终端的多样化和大众化,电子地图得到了广泛应用,电子地图的显示品质也得到了快速提高,电子地图的内容和形式也得到了飞速发展。

3. 电子地图应用展望

随着 3S 技术的发展,高精度卫星影像的获取越来越快速、方便,地理信息系统的数据处理、分析决策和管理维护功能越来越强大。GNSS 技术的应用越来越广泛,电子地图的种类和形式也得到了前所未有的发展,制作起来更加方便。电子地图的服务领域必将越来越广,成为我们生产、生活和学习必不可少的重要工具。

# 任务 5.2  地 图 设 计

地图是根据一定的数学法则,将地球(或其他星体上)的自然和人文现象,使用地图语言,通过制图综合,缩小反映在平面上,反映各种现象的空间分布、组合、联系、数量和质量特征及其在时间中的发展变化。地图设计是为地图制图制定表达方式、表达规则和选择表达内容等技术过程,实现有意义的符号化,一般包含以下内容。

## 5.2.1  地图要素

地图是 GIS 的界面,构成地图的基本内容,叫作地图要素。它包括数学要素、地理要素和整饰要素(亦称辅助要素),所以又通称地图"三要素"。

(1)数学要素,指构成地图的数学基础。例如地图投影、比例尺、控制点、坐标网、高程系、地图分幅等。这些内容是决定地图图幅范围、位置,以及控制其他内容的基础。它保证地图的精确性,作为在图上量取位、高程、长度、面积的可靠依据,在大范围内保证多幅图的拼接使用。数学要素对军事和经济建设都是不可缺少的内容。

（2）地理要素，是指地图上表示的具有地理位置、分布特点的自然现象和社会现象。因此，它可分为自然要素（如水文、地貌、土质、植被等）和社会经济要素（如居民地、交通线、行政境界等）。

（3）整饰要素，主要指便于读图和用图的某些内容。例如：图名、图号、图例和地图资料说明，以及图内各种文字、数字注记等。

### 5.2.2　地图符号

地图符号是地图的语言，它是表达地图内容的基本手段。地图符号是由形状不同、大小不一和色彩有别的图形和文字组成，注记是地图符号的一个重要部分，它也有形状、尺寸和颜色之区别。就单个符号而言，它可以表示事物的空间位置、大小、质量和数量特征；就同类符号而言，可以反映各类要素的分布特点；而各类符号的总和，则可以表明各要素之间的相互关系及区域总体特征。

按照符号所代表的客观事物分布状况，可以把符号分为点状符号、线状符号和面状符号，如图 5.11 所示。

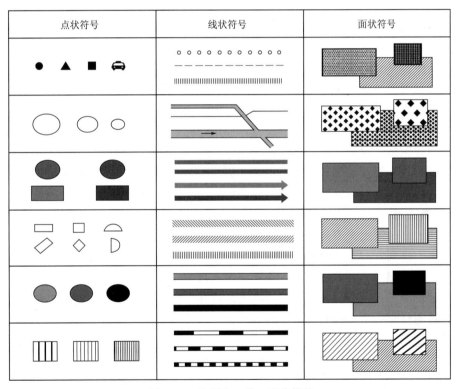

图 5.11　地图点、线、面状符号

点状符号是一种表达不能依比例尺表示的小面积事物（如油库等）和点（如控制点）所采用的符号。点状符号的形状和颜色表示事物的性质，点状符号的大小通常反映事物的等级或数量特征，但是符号的大小与形状与地图比例尺无关，它只具有定位意义，一般又称这种符号为不依比例符号。

线状符号是一种表达呈线状或带状延伸分布事物的符号，如河流，其长度能按比例尺表示，而宽度一般不能按比例尺表示，需要进行适当的夸大。因而，线状符号的形状和颜色表示事物的质量特征，其宽度往往反映事物的等级或数值。这类符号能表示事物的分布位置、延伸形态和长度，但不能表示其宽度，一般又称为半依比例符号。

面状符号是一种能按地图比例尺表示出事物分布范围的符号。面状符号是用轮廓线（实线、虚线或点线）表示事物的分布范围，其形状与事物的平面图形相似，轮廓线内加绘颜色或说明符号以表示它的性质和数量，并可以从图上量测其长度、宽度和面积，一般又把这种符号称为依比例符号。

### 5.2.3　地图色彩

色彩可以为地图增添特殊的魅力。制图者通常情况下会首选制作彩色地图。地图制作中色彩的运用首先必须理解色彩的 3 个属性，即色调（色相）、饱和度（纯度）和明度。

色相，即各类色彩的相貌称谓，色相是色彩的首要特征，是区别各种不同色彩的最准确的标准。色的不同是由光的波长的长短差别所决定的。作为色相，指的是这些不同波长的色的情况。光谱中的红、橙、黄、绿、青、蓝、紫 7 种分光色是具有代表性的 7 种色相。

饱和度是指色彩的鲜艳程度，也称色彩的纯度。饱和度取决于该色中含色成分和消色成分（灰色）的比例。含色成分越大，饱和度越大；消色成分越大，饱和度越小。

明度是眼睛对光源和物体表面的明暗程度的感觉，主要是由光线强弱决定的一种视觉经验。明度可以简单理解为颜色的亮度，不同的颜色具有不同的明度。

一件地图产品设计的成败，在很大程度上取决于色彩的应用。色彩应用得当，不仅能加深人们对内容的理解和认识，充分发挥产品的作用，而且由于色彩协调，富有韵律，能给人以强烈的美感。

由于影响色彩设计的因素较多，加上人们对于色彩的喜好、感觉和审美趣味的差异以及国家、地域、民族、信仰的差异，所以色彩设计是一个相当复杂的课题。

### 5.2.4　地图注记

地图注记是地图上文字和数字的通称，是地图语言之一。地图注记由字体、字号、字间距、位置、排列方向及色彩等因素构成。

地图上的注记可分为名称注记、说明注记和数字注记 3 种。

（1）名称注记：说明各种事物的专有名称，如居民点名称。

（2）说明注记：用来说明各种事物的种类、性质或特征，用于补充图形符号的不足，它常用简注表示。

（3）数字注记：用来说明某些事物的数量特征，如高程等。

用不同字体和颜色区分不同事物；用注记的大小等级反映事物分级以及在图上的重要程度；用注记位置以及不同字隔和排列方向表现事物的位置、伸展方向和分布范围。地图注记主要由照相排字或激光排字而得。注记设计和剪贴，要求字形工整、美观、主次分明、易于区分、位置正确，如图 5.12、图 5.13 所示。

### 5.2.5　地图版面设计

地图设计是一种为达一定目标而进行的视觉设计，其目的是为了增强地图传递信息的功能。地图版面设计包括图名、比例尺、图例、插图（或附图）、文字说明和图廓整饰等。

| 字体 | | 式　　样 | 应用 |
|---|---|---|---|
| 宋体 | 正宋 | 成 都 | 居民地名称 |
| | 宋变 | 湖海　长江 | 水系名称 |
| | | 山西　淮南 | 图名　区域名 |
| | | 江苏　杭州 | |
| 等线体 | 粗中细 | 北京 开封 青州 | 居民地名称 细等作说明 |
| | 等变 | 太 行 山 脉 | 山峰名称 |
| | | 珠穆朗玛峰 | 山峰名称 |
| | | 北 京 市 | 区域名称 |
| 仿宋体 | | 信阳县 周口镇 | 居民地名称 |
| 隶体 | | 中国 建元 | 图名　区域名 |
| 魏碑体 | | 浩 陵 旗 | |
| 美术体 | | 台湾省图 | 名称 |

图 5.12　字体注记示例

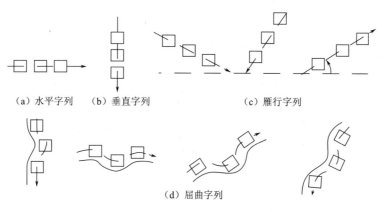

（a）水平字列　　（b）垂直字列　　　　　　（c）雁行字列

（d）屈曲字列

图 5.13　注记的排列方式

（1）图名：图名的主要功能是为读图者提供地图的区域和主题的信息。地图的图名要求简明图幅的主题，应当突出、醒目。它作为图面整体设计的组成部分，还可看成是一种图形，可以帮助取得更好的整体平衡。一般可放在图廓外的北上方，或图廓内以横排或竖

99

排的形式放在左上、右上的位置。字体要与图幅大小相称，以等线体或美术体为主。

（2）比例尺：比例尺一般放在图名或图例的下方，也可放置在图廓外下方中央或图廓内上方图名下处。

（3）图例：图例符号是专题内容的表现形式，图例中符号的内容、尺寸和色彩应与图内一致，多半放在图的下方。

（4）附图：附图是指主图外加绘的图件，在专题地图中，它的作用主要是补充主图的不足。专题地图中的附图，包括重点地区扩大图、内容补充图、主图位置示意图、图表等。附图放置的位置应灵活。

（5）文字说明：专题地图的文字说明和统计数字，要求简单扼要，一般安排在图例中或图中空隙处。其他有关的附注也应包括在文字说明中。

（6）图廓整饰：单幅地图一般都以图框作为制图的区域范围。挂图的外图廓形状比较复杂。桌面用图的图廓都比较简练，有的就以两根内细外粗的平行黑线显示内外图廓。有的在图廓上表示有经纬度分划注记，有的为检索而设置了纵横方格的刻度分划。

专题地图的总体设计，一定要视制图区域形状、图面尺寸、图例和文字说明、附图及图名等多方面内容和因素具体灵活运用，使整个图面生动，可获得更多的信息。

# 职 业 能 力 训 练 大 纲

1. 实训目的

掌握不同类型地图符号的属性，并对地图进行布局设计和输出。

2. 实训内容

地图的编制和输出。

3. 实训方法

利用 GIS 软件，对已有数据进行符号化，并应用到地图设计中，然后将地图输出。

# 扩 展 阅 读 虚 拟 现 实

虚拟现实（VirtualReality，VR），是 20 世纪 80 年代初提出并发展起来的一项全新的综合技术。虚拟现实技术囊括计算机、电子信息、仿真技术于一体，其基本实现方式是计算机模拟虚拟环境从而给人以环境沉浸感。随着社会生产力和科学技术的不断发展，各行各业对 VR 技术的需求日益旺盛。VR 技术也取得了巨大进步，并逐步成为一个新的科学技术领域。

虚拟现实技术受到了越来越多人的认可，用户可以在虚拟现实世界体验到最真实的感受，其模拟环境的真实性与现实世界难辨真假，让人有种身临其境的感觉；同时，虚拟现实具有一切人类所拥有的感知功能，比如听觉、视觉、触觉、味觉、嗅觉等感知系统；最后，它具有超强的仿真系统，真正实现了人机交互，使人在操作过程中，可以随意操作并且得到环境最真实的反馈。正是虚拟现实技术的存在性、多感知性、交互性等特征使它受到了许多人的喜爱。

虚拟现实技术与地理信息系统技术结合产生了 VR‑GIS 技术。VR‑GIS 技术目前还不用数字化头盔、手套和衣服，它运用虚拟现实建模语言（Virtual Reality Modeling Language，VRML）技术，可以在个人电脑上进行，使费用大幅降低，所以它具有用户易接受的特点，但实际上只能称为仿真。它虽然只具有三维立体、动态、声响，即具有视觉、听觉、运动感觉（假的）特点，却没有触觉、更没有嗅觉特点等，只是通过大脑的联想，但也有一定程度的身临其境的感觉。所以，它还不是真正的虚拟，而是一种准虚拟或不完善的虚拟，或半虚拟技术。

虚拟现实技术引入 GIS 将使 GIS 更具吸引力，采用虚拟现实中的可视化技术，在三维空间中模拟和重建逼真的、可操作的地理三维实体，GIS 用户在客观世界的虚拟环境中将能更有效地管理、分析空间实体数据。

VR‑GIS 的地学应用体现在以下几个方面。

（1）运用 VR‑GIS 技术对地球的地球系统科学和信息科学的研究对象进行模拟实验时，需要具备以下一些条件：①对需要进行虚拟实验的地学应用的机理进行研究；②建立模型，如不能建立模型时，就采用人工智能及可视化技术；③进行模拟、虚拟实验分析；④进行试点工作，验证可信度，并且反馈信息。

（2）可以对地球系统的各种现象或过程进行虚拟实验，包括：①对地球系统的结构进行分析；②对地球系统的运动现象与过程进行模拟；③综合开发与治理虚拟实验，如区域可持续发展实验和流域开发与综合治理实验；④污染与整治虚拟实验；⑤VR‑GIS 是一门综合性技术，在很多应用领域，艺术成分甚至超过了技术，需要一定的想象力和形象化的思维和艺术的修养，才能构造较好的虚拟世界；⑥VR‑GIS 也适合应用于教育和培训工作，具有影像教育的特点，可以将地球科学知识、抽象概念用生动逼真的感觉来表达。

（3）由于虚拟现实的立体感和真实感，在军事方面，人们将地图上的山川地貌、海洋湖泊等数据通过计算机进行编写，利用虚拟现实技术，能将原本平面的地图变成一幅三维立体的地形图，再通过全息技术将其投影出来，这更有助于进行军事演习等训练。

VR‑GIS 技术与真正的虚拟现实技术还有一定的距离，实际上可以看作是一种介于虚拟现实与计算机仿真技术之间的一种过渡技术，可以称为虚拟，也可看作仿真。它不具备触摸感和力学感，但是具有交互感，即身临其境感，主要由听觉和视觉导致。

# 复 习 思 考 题

1. GIS 的输出产品有哪些形式？他们各自通过什么设备输出？

2. 地图版面设计的内容有哪些？

3. 如何理解地图符号在地图设计的重要性？

4. 简述 GIS 中数据符号化的作用。

5. 地图语言有哪些内容？

# 模块 6 GIS 技 术 应 用

**【模块概述】**

目前 GIS 的行业应用和领域十分广泛，在掌握 GIS 技术的前提下，学习 GIS 技术的应用具有重要意义。基于 GIS 技术，从实际应用出发，概括介绍 3S 技术的集成技术应用、数字地球、数字城市与智慧城市以及 GIS 在行业中的应用状况。

**【学习目标】**

1. 知识目标：

(1) 掌握 3S 的集成方式。

(2) 掌握 GIS 在数字城市和智慧城市的应用。

(3) 掌握 GIS 技术在行业应用的方法。

2. 技能目标：

(1) 能在 GIS 软件中应用 GNSS 和 RS 数据。

(2) 会利用 GIS 软件服务于数字城市和智慧城市建设。

(3) 会应用 GIS 软件解决行业中的初步问题。

3. 态度目标：

(1) 具有吃苦耐劳精神和勤俭节约作风。

(2) 具有爱岗敬业的职业精神。

(3) 具有良好的职业道德和团结协作能力。

(4) 具有独立思考和解决问题的能力。

## 任务 6.1 3S 集 成 技 术 应 用

地理信息系统是一个多学科集成的空间信息系统，遥感（RS）技术的不断进步和发展，使得遥感已经成为 GIS 最主要的数据源，在大面积资源调查、环境监测等方面发挥了重要的作用。遥感技术在空间分辨率、光谱分辨率和时间分辨率上都在飞速发展和提高，担负着越来越重要的作用。全球导航卫星系统（GNSS）是以卫星为基础的无线电测时定位和导航系统，可为航空、航天、陆地、海洋等方面的用户提供不同精度的在线或离线的空间定位数据。

虽然 GIS 在理论和应用技术上已经有了很大发展，但单纯的 GIS 并不能满足目前社会对信息快速、准确更新的要求。GNSS、RS 的出现和飞速发展为 GIS 适应社会的发展提供了可能性。3S 的集成已经成为 GIS 的发展趋势。

在 3S 集成体中的作用及地位而言，GIS 相当于人的大脑，对所得的信息加以管理和分析；RS 和 GNSS 相当于人的两只眼睛，负责获取海量信息及其空间定位。RS、GNSS

和 GIS 三者的有机结合，构成了整体上的实时动态对地观测、分析和应用的运行系统，为科学研究、政府管理、社会生产提供了新一代的观测手段、描述语言和思维工具。

## 6.1.1　GIS 与 RS 的集成

简而言之，地理信息系统是用于分析和显示空间数据的系统，而遥感影像是空间数据的一种形式，类似于 GIS 中的栅格数据，因而，很容易在数据层次上实现地理信息系统与遥感的集成。但是实际上，遥感图像的处理和 GIS 中栅格数据的分析具有较大的差异，遥感图像处理的目的是为了提取各种专题信息，其中的一些处理功能，如图像增强、滤波、分类以及一些特定的变换处理（如陆地卫星影像的 KT 变换）等，并不适用于 GIS 中的栅格空间分析，目前大多数 GIS 软件也没有提供完善的遥感数据处理功能，而遥感图像处理软件又不能很好地处理 GIS 数据，这就需要实现集成的 GIS 系统。

在一个遥感和地理信息系统的集成系统中，遥感数据是 GIS 的重要信息来源，而 GIS 则可以作为遥感图像解译的强有力的辅助工具，具体而言，有以下几个应用方面。

1. GIS 作为图像处理工具

将 GIS 作为遥感图像的处理工具，可以在以下几个方面增强标准的图像处理功能。

（1）几何纠正和辐射纠正。在遥感图像的实际应用中，需要首先将其转换到某个地理坐标系下，即进行几何纠正。通常几何纠正的方法是利用采集地面控制点建立多项式拟合公式，它们可以从 GIS 的矢量数据库中抽取出来，然后确定每个点在图像上对应的坐标，并建立纠正公式。在纠正完成后，可以将矢量点叠加在图像上，以判断纠正的效果。为了完成上述功能，需要系统能够综合处理栅格和矢量数据。

（2）图像分类。对于遥感图像分类，在 GIS 集成中最明显的好处是训练区的选择，通过矢量/栅格的综合查询，可以计算多边形区域的图像统计特征，评判分类效果，进而改善分类方法。

（3）感兴趣区域的选取。在一些遥感图像处理中，常常需要只对某一区域进行运算，以提取某些特征，这需要栅格数据和矢量数据之间的相交运算。

2. 遥感数据作为 GIS 的信息来源

数据是 GIS 中最为重要的成分，而遥感提供了廉价的、准确的、实时的数据，目前如何从遥感数据中自动获取地理信息依然是一个重要的研究课题。

（1）线以及其他地物要素的提取。在图像处理中，有许多边缘检测滤波算子，可以用于提取区域的边界（如水陆边界）以及线形地物（如道路、断层等），其结果可以用于更新现有的 GIS 数据库，该过程类似于扫描图像的矢量化。

（2）DEM 数据的生成。利用航空立体像对以及雷达影像，可以生成较高精度的 DEM 数据。

（3）土地利用变化以及地图更新。利用遥感数据更新空间数据库，最直接的方式就是将纠正后的遥感图像作为背景底图，并根据其进行矢量数据的编辑修改。而对遥感图像数据进行分类，得到的结果可以添加到 GIS 数据库中。因为图像分类结果是栅格数据，所以通常要进行栅格转矢量运算；如果不进行转换，可以直接利用栅格数据进行进一步的分析，则需要系统提供栅格/矢量相互检索功能。

### 6.1.2　GIS 与 GNSS 的集成

作为实时提供空间定位数据的技术，GNSS 可以与地理信息系统进行集成，以实现不同的具体应用目标。

（1）定位。主要在诸如旅游、探险等需要室外动态定位信息的活动中使用。如果不与 GIS 集成，利用 GNSS 接收机和纸质地形图，也可以实现空间定位；但是通过将 GNSS 接收机连接在安装 GIS 软件和该地区空间数据的便携式计算机上，可以方便地显示 GNSS 接收机所在位置并实时显示其运动轨迹，进而可以利用 GIS 提供的空间检索功能，得到定位点周围的信息，从而实现决策支持。

（2）测量。在土地管理、城市规划等领域，利用 GNSS 和 GIS 的集成，可以测量区域的面积或者路径的长度。该过程类似于利用数字化仪进行数据录入，需要跟踪多边形边界或路径，采集抽样后的顶点坐标，并将坐标数据通过 GIS 记录，然后计算相关的面积或长度数据。

在进行 GNSS 测量时，要注意以下一些问题，首先，要确定 GNSS 的定位精度是否满足测量的精度要求，如对宅基地的测量，精度需要达到厘米级，而要在野外测量一个较大区域的面积，米级甚至几十米级的精度就可以满足要求；其次，对不规则区域或者路径的测量，需要确定采样原则，采样点选取的不同，会影响到最后的测量结果。

（3）监控导航。用于车辆、船只的动态监控，在接收到车辆、船只发回的位置数据后，监控中心可以确定车船的运行轨迹，进而利用 GIS 空间分析工具，判断其运行是否正常，如是否偏离预定的路线，速度是否异常（静止）等，在出现异常时，监控中心可以提出相应的处理措施，其中包括向车船发布导航指令。

### 6.1.3　3S 集成概述

3S 的结合应用，取长补短，是一个自然的发展趋势，三者之间的相互作用形成了"一个大脑，两只眼睛"的框架，即 RS 和 GNSS 向 GIS 提供或更新区域信息以及空间定位，GIS 进行相应的空间分析如图 6.1 所示，以从 RS 和 GNSS 提供的浩如烟海的数据中提取有用信息，并进行综合集成，使之成为决策的科学依据。

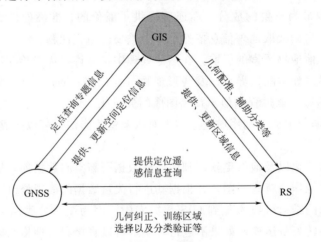

图 6.1　3S 的相互作用与集成

RS、GIS、GNSS 集成的方式可以在不同的技术水平上实现，最简单的办法是三种系统分开而由用户综合使用，进一步是三者有共同的界面，做到表面上无缝的集成，数据传输则在内部通过特征码相结合，最好的办法是整体的集成，成为统一的系统。

单纯从软件实现的角度来看，开发 3S 集成的系统在技术上并没有多大的障碍。目前一般工具软件的实现技术方案是：通过支持栅格数据类型及相关的处理分析操作以实现与遥感的集成，而通过增加一个动态矢量图层与 GNSS 集成。对于 3S 集成技术而言，最重要的是在应用中综合使用遥感以及全球定位系统，利用其实时、准确获取数据的能力，降低应用成本或者实现一些新的应用。

3S 集成技术的发展，形成了综合的、完整的对地观测系统，提高了人类认识地球的能力；相应地，它拓展了传统测绘科学的研究领域。同时，它也推动了其他一些相联系的学科的发展，如地球信息科学、地理信息科学等，它们成为"数字地球"这一概念提出的理论基础。

# 任务 6.2 数字地球、数字城市与智慧城市

## 6.2.1 数字地球

"数字地球"，一个凝聚着全人类美好梦想的目标，已经成为风靡全球的名词，它提供了我们人类认识地球的一种全新的方式，对人类与自然的协调和平衡将起到不可估量的作用。数字地球的核心思想是用数字化手段统一的处理地球问题和最大限度的利用信息资源，它是地理信息系统的延伸和最终的发展归宿。

"数字地球"（The Digital Earth）最早提出于 1997 年下半年。1998 年 1 月 31 日，美国副总统戈尔（AL GORE）在美国加利福尼亚科学中心发表了题为"数字地球：21 世纪认识地球的方式（The Digital Earth：Understanding our planet in the 21 st Century）"的讲演，正式提出数字地球的概念。

数字地球是指以地球作为对象、以地理坐标为依据，具有多分辨率、海量的和多种数据融合的，并可用多媒体和虚拟技术进行多维（立体的和动态的）表达的，具有空间化、数字化、网络化、智能化和可视化特征的技术系统。形象一点地说，数字地球是指整个地球经数字化之后由计算机网络来管理的技术系统。要在电子计算机上实现数字地球不是一个很简单的事，它需要诸多学科，特别是信息科学技术的支撑。这其中主要包括：信息高速公路和计算机宽带高速网络技术、高分辨率卫星影像、空间信息技术、大容量数据处理与存储技术、科学计算以及可视化和虚拟现实技术。

数字地球的核心是地球空间信息科学，地球空间信息科学的技术体系中最基础和基本的技术核心是"3S"技术及其集成。没有"3S"技术的发展，现实变化中的地球是不可能以数字的方式进入计算机网络系统的。一方面数字地球的研究和建设为 3S 技术的发展创造了条件，另一方面 3S 技术的发展为数字地球的建设提供了支持。

## 6.2.2 数字城市

数字城市是数字地球技术在特定区域的具体应用，是数字地球的重要组成部分。数字城市通过宽带多媒体信息网络、地理信息系统等基础设施平台，整合城市信息资源，建立

电子政务、电子商务、劳动社会保障等信息系统和信息化社区，实现全市国民经济和社会信息化，是综合运用 GIS、RS、GNSS、宽带多媒体网络及虚拟仿真技术，对城市基础设施功能机制进行动态监测管理以及辅助决策的技术体系。数字城市具备将城市地理、资源、环境、人口、经济、社会等复杂系统进行数字化、网络化、虚拟仿真、优化决策支持和可视化表现等强大功能。

具体地讲，数字城市的基本内容和任务包括对城市区域的基础地理、基础设施、基本功能和城市规划管理、地籍管理、房产管理、智能交通管理、能源管理及企业和社会、工业与商业、金融与证券、教育与科技、医疗与保险、文化与生活等各个子领域经数字化后，建立分布式数据库，通过有线与无线网络，实现互联互通，实现网上管理、网上经营、网上购物、网上学习、网上会商、网上影剧院等网络化生存，确保人地关系的协调发展。数字城市是一个结构复杂、周期很长的系统工程，在建设进度上必然会采取分期建设的方式。

### 6.2.3　智慧城市

智慧城市是数字城市的智能化，是数字城市功能的延伸、拓展和升华，通过物联网把数字城市与物理城市无缝连接起来，利用云计算技术对实时感知数据进行处理，并提供智能化服务。简单地说，智慧城市就是让城市更聪明，本质上是让作为城市主体的人更聪明。智慧城市是通过互联网把无处不在的被植入城市物体的智能化传感器连接起来形成的物联网，实现对物理城市的全面感知，利用云计算等技术对感知信息进行智能处理和分析，实现网上"数字城市"与物联网的融合，并发出指令，对包括政务、民生、环境、公共安全、城市服务、工商活动等在内的各种需求做出智能化响应和智能化决策支持。

智慧城市的"智慧"带来如下 3 个方面的特点。

（1）更加全面的信息资源。城市本身可看成庞大的信息资源库，这些信息不仅反映了一个城市的真正需求，而且是治理城市和运行城市的基础，是政府用以制定合理政策和选用行政手段的条件。在实际工作中，个人信息、法人信息、地理信息和统计信息是城市四大基础信息，基于此可进一步构建应用"数据库"，如道路状态、交通流量、城市管网等。从时间维度上讲，信息既有静态的，也有动态的。智慧城市依赖所部署的感知网络，无缝隙地、实时连续地收集和存储随时变化的信息，为政府高效运转和人们生活便利提供强有力的支撑。

（2）更加深入的互联互通。城市感知网络所获取的信息要汇集，以便于挖掘有用的知识，同时感知网络本身也要联成一体。换句话说，多种网络形式要有更加深入的互联互通，如固定电话网、互联网、移动通信网、传感器网、工业以太网等。网络的价值将随节点数量增长而呈现平方增长，且各独立子网联成大网，增加信息的交互程度，提供网络的整体自学习能力和智能处理能力，使信息增值的同时更加全面、具体、有用和可用。

（3）更加有效的协同共享。在传统城市中，信息资源和实体资源被各种行业、部门、主体之间的边界和壁垒所分割，资源的组织方式是零散的，智慧城市"协同共享"的目的就是打破这些壁垒，形成具有统一性的城市资源体系，使城市不再出现"资源孤岛"和"应用孤岛"。在协同共享的智慧城市中，任何一个应用环节都可以在授权后启动相关联的应用，并对其应用环节进行操作，从而使各类资源可以根据系统的需要，各司其能地发挥其最大的价值。

数字城市与智慧城市建设都需要城市基础地理信息数据库的支撑，而 3S 技术是城市基础地理信息数据库的基础。特别是数字城市与智慧城市都需要获取信息和掌握信息，而 RS 是从航空及航天捕捉信息和获取信息的主要技术。时间和空间是对事物存在方式和运动方式的量度，相对于人们对时间的精确掌握，对空间的掌握还远远不够。随着社会经济发展，各行各业对地理空间信息的需求日益旺盛，GIS、GNSS 技术更深入的渗透进国土资源、物流以及城市管理等领域，人们出行对于精确导航与定位的需求也使得卫星导航定位技术成为必需；而 GIS、GNSS 技术的出现和发展，也深刻地改变人类的出行方式。

# 任务6.3  GIS 在 行 业 中 的 应 用

## 6.3.1  GIS 在水利行业的应用

GIS 在水利行业的研究和应用已经有相当的历史和应用经验，由早期的查询、检索和空间可视化等简单功能，发展到将 GIS 作为分析、决策、模拟甚至预测的工具，且已经成为综合应急系统的重要组成部分。其应用领域包括水资源管理、防汛抗旱、水土保持监测、水环境监测评估、水文地质、农田灌溉、水利工程规划等。

GIS 在水利行业的应用主要体现以下方面。

（1）防汛减灾。早在 20 世纪 80 年代中后期，我国就开展了洪水管理与灾情评价信息系统、国家防洪遥感信息系统等信息化建设工作。进入 21 世纪初期，启动了七大江河流域的水利信息化建设项目，如数字黄河、长江水利信息化、珠江水利信息化等。国外如美国突发事件管理委员会已经将 GIS 技术用于淹没灾害管理和灾害预测等灾害应急和决策系统中，为决策者提供决策信息，如洪水峰值时间、洪水高度、城市安全水量调配等。主要的应用包括灾害预测、灾害现场指挥和灾情评估和灾后重建。在灾害预测方面，将 DEM 数据与水情、雨情和所在地区的人文与经济信息相结合，用于预测全国或局部流域的洪水发展趋势、洪水淹没范围、淹没损失等。在灾害现场指挥方面，将各种有关的空间数据和实时数据进行管理、处理和可视化，为指挥决策者提供直观的辅助决策支持。比如利用城镇分布、道路、铁路、人口分布、经济、设施分布、水利设施等人文空间数据，气象、洪水水位、洪峰位置、雨情等实时数据，帮助决策者做出人员撤退、安置区域、撤退路线规划、散援调度等决策。在灾情评估和灾后重建方面，利用 GIS 的统计与分析功能，快速准确地计算灾区面积、受灾人数、灾害损失等。在防汛减灾信息系统建设方面，设计开发实时信息接收处理系统（各部门的水情、雨情、工情、灾情等信息汇集与处理）、气象产品应用系统、信息服务系统（气象、水情、雨情、工况、洪水预报、防洪调度和灾情评估结果等）、汛情监视系统、洪水预报系统、防洪调度系统（洪水仿真、模拟等）、灾情评估系统、防汛会商系统和防汛指挥管理系统等。

（2）水资源管理。这是指对水资源开发利用的组织、协调、监督和调度，包括建立水资源管理的空间数字模型，用于模拟各种水资源的管理情况，如模拟水资源的分配等；建立水资源管理数据库；建立水资源管理和决策支持系统等。

（3）水土保持。水土流失的类型多样且复杂，包括水蚀、风蚀、冰川侵蚀、冻融侵蚀、重力侵蚀等,会造成大量的滑坡、泥石流、崩塌等灾害。利用 GIS 和遥感技术,可以对水土流失的信息进行统一管理,对水土流失进行动态监测分析、预测、生态环境效益分析、侵蚀评估等。主要应用包括:对各类信息进行查询和制图;对土地结构、地表覆盖土地利用、区域分布特征等进行统计分析。

(4) 水环境与水资源监测。水资源与水环境监测是水利信息化的重要组成部分。只有掌握了供水和需水的信息,才能科学准确地进行水资源的有效分配和调度。水质变化信息对环境质量进行动态评价和有效监督也是十分重要的。有了准确的水质变化信息,可以在水污染事件突发时,进行应急处置。利用 GIS 对水质信息进行管理,可以帮助规划部门选择地表和地下水监测点的位置。可以对水量进行估算、对水流演进和水资源调度进行空间分析建模和仿真模拟。

(5) 水利工程规划。GIS 技术可以用于水利工程规划的制图、调水路线规划、水库选址规划、库区建设评估和工程设施监测等。如我国南水北调、鄂北水资源配置等,都采用了 GIS 技术辅助规划设计和工程管理,将各种选线因子进行建模,用于线路的选线工作。利用 GIS 的三维功能,对设计成果进行三维可视化展示和评估。在水库选址方面,利用GIS 技术,建立淹没模型、进行灌区面积估算、模拟水库水位高度、进行库容估算、估算水利工程的工程量(如土石方工程量等)。利用 GIS,还可以对水利工程的变形监测数据进行管理和分析,对水利工程进行维护。

## 6.3.2 GIS 在交通管理中的应用

GIS 凭借其强大的数据综合、地理模拟和空间分析能力,已在交通规划、综合运输、公共交通等方面有了广泛的应用,并取得了显著的经济效益和社会效益,特别是交通地理信息系统越来越受到交通部门的重视。

### 1. GIS 在道路设计中的应用

由于 GIS 在交通中能够很好地考虑和评估公路对环境的影响,因此在公路路线的选择和初步设计中,交通地理信息系统得到了广泛应用。尤其是道路的选线方面,它可以利用三维技术从各个角度协调横纵关系,使道路设计与规划统筹发展,并且可以选取所设计地区的数字化地图,通过连接地图中的控制点来确定路线的走向,最终制订一条路线方案,利用路线方案的高程点,自动生成等高线,绘制纵断面、横断面,并在此基础上进行道路横纵断面的设计。而且,在选择方案的同时还可抽调其他图形、统计、道路及地面附着物等相关信息,通过对不同的路线方案进行对比、分析、筛选,直至获得最佳方案。

此外,GIS 在道路设计土方估算中也起着重要的作用,以往的土方估算多是极为繁琐的手工作业且效率极低,现在 GIS 中集成的软件包,都能够根据设计线路和三维数字地面模型自动计算出相应的挖填方量。GIS 的二次开发能很容易地自动统计和计算出相关的拆迁影响情况,并且能对道路工程竣工后很多相关信息进行有效的组织和管理。

### 2. GIS 在交通规划中的应用

城市路网规划与设计涉及人口、城市规划、区域面积、现状路网、规划路网、道路长度等级与通行能力、交通量、交通分区等众多空间和属性信息,要行之有效地对这些信息进行收集、处理、分析和展示,必须采用全面合理、操作方便、便于扩展的存储形式,减少数据调查和输入的时间,缩短项目的设计周期,提高工作效率。传统交通规划数据的处理方法费时费力，难以满足数据可读性、可变性的要求。

GIS 具有强大的数据综合、图形处理、地理模拟和空间分析功能，能够对交通领域不同部门的表格和地理数据进行统计分析，满足人们的各种需求。利用 GIS 软件和数据库技术，可以与交通规划软件进行数据交换，实现数据共享。同时，在交通规划中利用 GIS 建立数据库，可以增强成果的图形表达能力，大大提高工作效率。GIS 强有力的处理空间数据的能力和分析工具，使得交通规划的一些分析方法的实现变得更加简单。

3. GIS 在道路养护中的作用

随着人们生活水平的提高与科技的迅速发展，人们对道路的要求越来越高，加强对已建成公路的养护与管理变得愈加重要。交通地理信息系统与路面管理系统、桥梁管理系统等养护管理系统相连，利用先进的路面、桥梁检测设备和数据收集手段，使公路养护管理更加科学、合理。

4. GIS 在城市交通管理中的应用

GIS 电子地图与传统地图的区别在于其将不同物理内容的地图进行分类描述，存储和管理，以图层的形式表示单一的具体内容，通过图层叠加的方法实现最终所需信息的显示。应用 GIS 独具特色的地图表现能力，可将交通及交通相关信息可视化，并且能够将具体的变动信息方便、快捷地显示在图层上，构建新的交通地图。此外，GIS 可以凭借电子地图对象与关系中的记录的自动连接功能，实现地图与数据库的双向查询，通过数据库的数据来动态改变地图对象的可视属性，最终生成相应的专题地图。决策者可以利用 GIS 将空间数据和属性数据有机地融合在一起，建立完备的数据库，为最终决策提供翔实、准确的信息。

### 6.3.3　GIS 在农业方面的应用

20 世纪 70 年代，GIS 开始应用于农业，在土地资源调查、土地资源评价和农业资源管理、规划等方面取得重大进展。随着 20 世纪 90 年代计算机技术的发展和农业信息化程度的提高，GIS 在农业领域的应用不断普及和深入，广泛应用于区域农业可持续发展研究、土地的农作物适宜性评价、农业生产管理、农田土壤侵蚀与保护研究、农业生产潜力研究、农业系统模拟与仿真研究、农业生态系统监测，以及区域农业资源调查、规划、管理及农业投入产出效益与环境保护、病虫害防治等。近年来，以信息技术与农业技术有机结合为特征的"数字农业"得到了迅速发展。GIS 与 GNSS、RS、DSS（决策支持系统）、Internet 等高新技术结合，成为数字农业技术体系的核心技术，尤其在"精准农业"中得到了广泛应用。

GIS 在农业方面的应用主要体现在以下方面。

（1）农业资源与区划。农业资源包括自然资源和社会经济资源，可分成土地、水、气候、人口和农业经济资源五大类，通 GIS 软件，可以对指定区域的农业资源实现可视化管理，包括报表定制、查询、专题图显示与打印输出、基本统计与趋势模型分析和基本决策等功能，以及资源调查评价、产业布局划分等。

（2）种植业管理。GIS 强大的海量空间数据管理能力可以实现粮食、棉花、油料、糖料、水果、蔬菜、茶叶、蚕桑、花卉、麻类、中药材、烟叶、食用菌等种植业信息的管理。此外，还可以实现耕地质量管理，指导科学施肥，监测植物疫情、种植业产品供求信息分析与发布等，耕地质量管理（研究土地养分空间分布规律、进行耕地地力评价，制作土地资源专题图）、作物监测与估产、病虫草害防治等。

（3）畜牧、草原管理与应用。主要有高原养殖管理、动物防疫、草原建设等。

（4）渔业水产管理与应用。日前，GIS 和遥感技术主要应用在渔业资源动态变化的监测、渔业资源管理、海洋生态与环境、渔情预报和水产养殖等方面。地理信息系统则具有独特的空间信息处理和分析功能，如空间信息查询、量算和分类、叠置分析、缓冲区分析等，利用这些技术，可以从原始数据中获得新的经验和知识。遥感技术具有感测范围广、信息量大、实时、同步等特点，而且卫星遥感在渔业的应用已经从单一要素进入多元分析及综合应用阶段。利用遥感信息，可以推理获得影响海洋理化和生物过程的一些参数，如海表温度、叶绿素浓度、初级生产力水平的变化、海洋锋面边界的位置以及水团的运动等，通过对这些环境因素的分析，可以实时、快速地推测、判断和预测渔场。

（5）精准农业。精准农业也称为精确农业、精细农作，是近年来国际上农业科学研究的热点领域，其含义是：按照田间每一个单元的具体条件，精细准确地调整各项土壤和作物管理措施，最大限度地优化使用各项农业投入（如化肥、农药、水、种子和其他方面的投入量），以获取最高产量和最大经济效益，同时减少化学物质使用，保护农业生态环境，保护土地等自然资源。

（6）环境监测、农产品安全。农产品质量与安全问题已经成为新阶段制约我国农业发展最大的瓶颈之一，不仅影响了我国农产品的质量，也削弱了我国农产品在国际市场上的竞争力，从而影响了人民群众的身体健康和生活质量。因此，需要建立基于 GIS 的农产品安全生产管理与溯源信息子系统，加强对农业生态地质环境的调查、监测与综合性评价研究以及农产品的安全管理。

（7）农业灾害预防。农业灾害主要是指气象灾害、地质灾害、生物灾害和其他自然灾害。近年来，我国农业灾害频繁发生，洪涝、干旱、暴雪、热干风等灾害对农业生产和社会安定造成了严重影响，建设基于 GIS 的灾害监测预警子系统，实现最新灾害显示、逐日灾害显示、灾害年对比显示、灾害累积显示、背景数据查询等功能，对防灾减灾有重要作用。

### 6.3.4　GIS 在环境监测与评价中的应用

环境监测与评价是环境科学中的一个重要分支。环境监测与评价离不开环境信息的集成和处理，而环境信息 85% 以上与空间位置有关，因此地理信息系统就成为环境监测的有效工具。利用 GIS 软件，可以对环境监测过程中实时收集的信息进行存储、显示、分析，用于辅助环境决策。在地理信息系统的帮助下，可以方便地获取、存储、管理和分析各种环境信息，并且能为环境监测提供全面、及时、准确、客观和有效的环境信息。地理信息系统具有强大的空间分析和数据处理功能，充分利用 GIS 的功能模块结合选定的环境监测模型可对多源环境信息进行处理，从中发现环境演变的动态规律，从而实现对环境的动态监测，将环境的变化情况、规律制成图片直观地表达出来。

1. GIS 在大气环境动态监测中的应用

随着城市工业化的发展，城市工业企业数量和机动车数量都在急剧增加，有毒有害污染物大量排入城市空气中，很多国家和地区都在为改善大气环境质量做着努力。而大气环境有着以下特点：它的空间尺度大，人类赖以生存的大气层有上百公里的厚度。空气在自然环境中有着最好的流动性，地面是其不可逾越的固体边界。因此大气环境动态监测最适合用 GIS 技术进行监测和分析。引用地理信息系统技术和数据库管理技术，可以将所有对大气有污染隐患的企业及位置信息、主要污染物、污染物移动范围、周围地形进行收集、整理，并建立地理信息数据库。利用 GIS 空间分析和数据显示功能，可获得污染物在大气中的浓度分布图，进而可了解污染物的空间分布和超标情况。

2. GIS 在水环境监测中的应用

水是人类生存和发展不可缺少的物资条件，是工农业的重要资源，然而，水源污染日趋严重并多以复合型污染为基本特征，造成大量的水不能用于生产或者生活，因此有必要加强水资源环境的监测和管理。水资源环境的特点是空间信息量大，面对空间信息的管理与分析正是 GIS 的优点。GIS 用于水资源环境监测，主要是对水质监测数据和空间数据进行科学有效的组织和管理，能够让管理人员方便地对各种空间信息进行查询、修改和编辑等；通过 GIS 强大的空间分析和图标分析功能，实现对空间和检测数据的分析和专题图的制作，进而为污染治理方案的制订提供有效的信息支持。

3. 在生态环境监测与评价中的应用

生态环境退化是目前全球面临的最主要问题之一，它不仅使自然资源日益枯竭，生物多样性不断减少，而且严重阻碍社会经济的持续发展，进而威胁人类的生存。生态环境评价是一项系统性研究工作，是环境质量评价的重要组成部分，评价生态系统结构和功能的动态变化而形成的生态环境质量的优劣程度，是资源开发利用、制定经济社会可持续发展规划和生态环境保护对策的重要依据。由于生态环境系统本身就是一个随时变化的复杂系统，而对生态环境评价的时效性要求又比较高。传统的生态环境评价技术单单在数据获取上就要费相当大的时间和精力，还要进行大量的计算才能最终得到生态环境评价的结果，这远远不能满足生态环境评价对时效性的需求。随着遥感和计算机技术以及空间技术的发展，为这一难题提供了解决方案。遥感资料与其他的辅助资料（自然、历史）是相辅相成的，将它们有效地结合使用能给生态环境景观动态研究带来更客观、更丰富的信息。利用 GIS、RS 技术与传统工作方法相结合，对评价所用到的各个区县的影像数据做处理，提取评价需要的各个指标数据，可大大节省数据收集整理的时间和精力，同时在多源信息综合评价过程中采用科学的计算方法，降低计算量的同时保证了计算结果的正确性和准确性，大大提高了评价结果的时效性，可为生态环境评价工作提供技术上的支持。

4. 在污染源监督监测中的应用

污染源监督监测是为了掌握污染源状况，监视和监测主要污染源在时间和空间的变化，所采取的定期定点的常规性的监督监测。它主要是对污染物浓度、排放总量和污染趋势的监测，要利用监视网对某一区域的污染趋势和状况进行预报、预测。评价污染源对环境的影响，除了需要获得污染源的浓度和排放总量数据外，还必须依靠污染源所在的地理环境的空间背景信息。同样的污染物排放量，由于其所在的地理位置不同（包括气象、地形等方面条件的影响），其污染程度与范围将有所不同，这就是污染源的地理空间特性。污染源空间特性决定了对污染源的影响分析必须采用定量与空间分析相结合的综合地理思维工具——地理信息系统，不仅要进行污染源的定量分析，如计算排放量大小，还要进行空间分析，如计算排放量与环境浓度的关系。GIS 在这方面具有显著的功能，它可以利用数据表示空间分布，将数字和图形融为一体，支持数字思维与空间思维同时进行，比传统的地图分析和仅仅对统计数据的定量分析方法有质的改进。

GIS 的空间缓冲区分析为污染源污染扩散影响分析提供了有力的工具，它根据污染的位置（气象状况、地形条件等）与环境模型进行结合，计算其对邻近对象影响程度，得出一个缓冲区域，表示污染源的影响范围及浓度变化，为污染物总量控制、制订削减方案提供辅助决策。

GIS 与污染源监督监测的结合，根据污染类型和现有地理数据的变化程度，从而选择合适的环境模型如扩散模型、影响模型等进行预测，将预测结果与不同时期的环境污染数据进行比较，计算给定污染物在不同时期内的扩散程度，确定其污染扩散的范围，得出污染源排放与环境污染之间的规律，预测环境污染的发展趋势，为污染源规划决策和环境质量控制提供科学依据。

### 6.3.5　GIS 在物流管理领域的应用

物流管理是指将信息、运输、库存、仓库、搬运以及包装等物流活动综合起来的一种新型的集成式管理。把 GIS 技术融入到物流整个配送的过程中，就能更容易地处理物流配送中货物的运输、仓储、装卸、投递等各个环节，并对其中涉及的问题如运输路线的选择、仓库位置的选择、仓库的容量设置、合理装卸策略、运输车辆的调度和投递路线的选择等进行有效的管理和决策分析，这样才符合现代物流的要求，有助于物流配送企业有效地利用现有资源，降低消耗，提高效率。实际上，随着电子商务、物流和 GIS 本身的发展，GIS 技术将成为全程物流管理中不可缺少的组成部分。

由于物流对地理空间有较大的依赖性，采用 GIS 技术建立企业的物流管理系统可以实现企业物流的可视化、实时动态管理，从而为系统用户进行预测、监测、规划管理和决策提供科学依据。

现代物流可以简单理解为从原材料供应者到生产者，经过生产过程直到最终产品的使用者或消费者的过程，在整个过程中，GIS 在运输配送、动态监管及信息管理等方面都需要处理与地理相关的数据信息。

1. 运输配送

（1）电子地图。在物流配送系统中，电子矢量地图是 GIS 的基础数据提供者。为了辅助工作人员进行系统的应用，系统必须借助电子地图完成地图显示、定位和自动路径设计等功能。电子地图将空间数据和属性数据统一起来，在此基础上可以进行地图显示、缩放和漫游、空间分析和查询等应用，在准确获知街道、道路等基础地理信息的基础上，也可以在地图上对新客户进行地理位置的定位或者修改老客户的地理位置，从而能够精确地确定配送点和客户的位置。

（2）配送起点的选择优化与配送区域的划分。配送中心负责将货品送达各级配送中转站、代理经销商、超市和用户。由于这一级的配送量较大，在既定的车辆（吨位、数量等）情况下，需要根据订单的情况综合考虑并计算各两点之间的最短路径，从而动态划分配送区域以及该区域内的订单，利用改良经典的 Dijkstra 算法、Floyd 算法以及许多国内的改进算法，可以得到十分优化的订单目的地间最短路径。

（3）最佳路径选择。最佳路径的选择，实际就是要求车辆从配送站出发，经过多个配送点最后回到配送站的路线选择。网络分析作为 GIS 最主要的功能之一，在电子导航、交通旅游、城市规划以及电力、通信等各种管网、管线的布局设计中发挥了重要的作用，而网络分析中最基本、最关键的问题是最短路径问题。最短路径不仅仅指一般地理意义上的距离最短，还可以引申到其他的度量，如时间、费用、线路容量等。

2. 动态监管

动态管理的功能是在 GIS 基础上及时掌握通过 GNSS 所获取的移动体位置信息，使车辆等移动体的移动状况可视化。利用 GNSS/GIS 技术可以实现对货车在运输过程中的全面监控及对运输车辆的调度。

（1）定位跟踪。结合 GNSS 技术实现实时快速的定位，这对于现代物流的高效率管理来说非常关键，在主控中心的电子地图上选定跟踪车辆，将其运行位置在地图画面上保存，确定车辆的具体位置、行驶方向、时间时速，形成直观的运行轨迹。并可以任意放大、缩小、还原，可以随目标移动，使目标始终保持在屏幕上，利用该功能可对车辆和货物进行实时定位跟踪，满足掌握车辆基本信息、对车辆进行远程管理的需要。

（2）实时监控。经过 GSM（全球移动通信系统）网络的数字通道，将信号输送到车辆监控中心，监控中心通过差分技术换算位置信息，然后通过 GIS 将位置信号用地图语言显示出来，货主、企业可以随时了解车辆的运行状况、任务执行和安排情况，使得不同地方的流动运输设备变得透明而且可控。另外还可能通过远程操作、断电锁车、超速报警，对车辆行驶进行实时限速监管、偏移路线预警、疲劳驾驶预警、危险路段提示、紧急情况报警、求助信息发送等安全管理，保障驾驶员、货物、车辆及客户财产安全。

（3）指挥调度。客户经常会因突发性的变故而在车队出发后要求改变原定计划。有时公司在集中回城期间临时得到了新的货源信息；有时几个不同的物流项目要交叉调车。在上述情况下监控中心借助于 GIS 就可以根据车辆信息位置、道路、交通状况向车辆发出实时调度指令，用系统的观念运作企业业务，达到充分调度货物及车辆的目的，降低空载率，提高车辆运作效率。

（4）辅助决策分析。在物流管理中，GIS 会提供历史的、现在的、空间的、属性的等全方位信息，并集成各种信息进行销售分析，市场分析，选址分析以及潜在客户分析等空间分析。另外，GIS 与 GNSS 的有效结合，再辅以车辆路线模型、最短路径模型、网络物流模型、分配集合设施定位模型等，可构建高度自动化，实时化和智能化的物流管理信息系统，这种系统仅能够分析和运用数据，而且能为各种应用提供科学的决策依据，使物流变得实时并且成本最优。

3. 信息管理

（1）信息查询。货物发出以后，受控车辆所有的移动信息均被保存在控制中心计算机中，客户可以通过网络实时查询车辆运输中的运行情况和所处的位置，了解物品是否安全，是否能快速有效地到达。接货方只需要通过发方提供的相关资料和权限，就可通过网络实时查看车辆和货物的相关信息。掌握货物在途中的情况以及大概的到达时间，以此来提前安排货物的接收、存放以及销售等环节，使货物的销售链可提前完成。

（2）动态管理。采用 GIS 建立的物流管理系统主要的特点就是在 GIS 可视化环境中对企业的物流进行可视化、实时动态管理。

总之，GIS 技术与现代物流工程技术相结合，给物流业的发展提供了巨大的空间，特别在错综复杂的配送网络的管理调度、物流配送中心的布局、配送车辆优化调度等有关问题中，为物流企业完善管理手段、降低管理成本、提高经济效益、最终为提升核心竞争力提供了机遇，也对发展现代物流具有现实意义。

# 职 业 能 力 训 练 大 纲

1. 实训目的

掌握 GIS 技术在水利、交通管理、农业、环境监测与评价和物流管理领域等行业的应用方法，并制作各种专题地图。

2. 实训内容

制作 GIS 在各行业应用的专题地图。

3. 实训方法

根据需求对已有数据进行符号化，添加必要的地图元素，并对地图进行整饰，输出专题地图。

# 扩 展 阅 读   GIS 与 地 理 国 情 监 测

地理国情监测是综合利用全球卫星导航定位技术、航空航天遥感技术、地理信息系统技术等现代测绘技术，综合各时期已有测绘成果档案，对地形、水系、交通、地表覆盖等要素进行动态和定量化、空间化的监测，并统计分析其变化量、变化频率、分布特征、地域差异、变化趋势等，形成反映各类资源、环境、生态、经济要素的空间分布及其发展变化规律的监测数据、地图图形和研究报告。地理国情监测通过对地理国情进行动态地测绘、统计，从地理的角度来综合分析和研究国情，为政府、企业和社会各方面提供真实可靠和准确权威的地理国情信息。

地理国情监测的对象可归纳为自然环境要素、社会人文要素和产业经济要素 3 方面。

（1）自然环境要素。自然环境要素指地表及其上下一定空间范围内的自然资源和生态环境及其特征，是地理国情监测中的基础内容，主要包括土地要素的面积、位置、形状、地形地貌、土壤、土地覆盖、建筑物及构筑物、水系、植被、矿产、生态环境等。

（2）社会人文要素。社会人文要素主要指一定范围内的社会构成和人文要素，主要包括城市化进程、人口空间分布、人文景观空间分布、宗教信仰、制度习俗、艺术文化、民族关系等。地理国情监测除了要获取地理自然要素信息外，还必须掌握社会人文的相关信息，抓住社会发展和人类活动的规律，从而实现对一定范围内地理现象的现状和时空演变过程进行准确地表达和预测分析。

（3）产业经济要素。产业经济要素是自然环境要素和社会人文要素相联系的媒介，同时也是两者结合的具体产物。产业经济要素包括产业结构、产业组织、产业发展状态、产业政策、生产力布局和特色产业等。

地理信息系统是地理国情监测的支撑技术，为地理国情监测提供数据管理、数据建模、空间化、可视化、数据分析利用、地学计算、动态模拟、数据表达、成果表示、成果管理和数据共享服务的工具。地理国情监测是地理信息系统的重要应用领域和应用发展方向之一。

GIS 为地理国情监测提供基本的数据管理、处理、分析、数据表达、可视化技术支持，至少在以下方面对地理国情监测产生作用。

（1）为地理国情监测提供时空数据处理、建库、管理、建模、时空查询和时空索引技术支持。

（2）为地理国情监测的社会经济数据提供地理编码、空间插值和可视化技术支持。

（3）为地理国情监测提供多尺度数据表达和尺度转换技术支持。

（4）为地理国情监测数据的整合提供技术支持。

（5）为地理国情监测数据的空间操作分析提供技术支持。

（6）为地理国情监测的空间数据统计分析、时空数据挖掘分析提供分析环境。

（7）为地理国情监测成果表达、专题制图、动态模拟、仿真等地理可视化提供方法和环境。

（8）为地理国情监测信息的共享、数据交换、成果发布提供服务平台技术。

# 复 习 思 考 题

1. 简述数字城市与智慧城市的关系。
2. GIS 在水利行业有哪几方面的应用？
3. GIS 在交通管理中有哪些应用？
4. 简述 GIS 在农业方面的应用。
5. 简述 GIS 在环境监测与评估中的应用。
6. 简述 GIS 在物流管理中的应用。

# 参 考 文 献

［1］ 邬伦，刘瑜，张晶，等．地理信息系统——原理、方法与应用［M］．3 版．北京：科学出版社，2019.

［2］ 胡祥培，刘伟国，王旭茵．地理信息系统原理及应用［M］．北京：电子工业出版社，2011.

［3］ 吴秀芹，李瑞改，王曼曼，等．地理信息系统实践与行业应用［M］．北京：清华大学出版社，2013.

［4］ 李建松，唐雪华．地理信息系统原理［M］．2 版．武汉：武汉大学出版社，2015.

［5］ 汤国安．地理信息系统教程［M］．2 版．北京：高等教育出版社，2019.

［6］ 方源敏，陈杰，黄亮，等．现代测绘地理信息理论与技术［M］．北京：科学出版社，2016.

［7］ 吴建华，逯跃锋．ArcGIS 软件与应用［M］．2 版．北京：电子工业出版社，2019.

［8］ Kang-tsung Chang．地理信息系统导论［M］．9 版．胡嘉骢，陈颖彪，译．北京：科学出版社，2019.

［9］ 胡鹏，黄杏元，华一新．地理信息系统教程［M］．武汉：武汉大学出版社，2002.

［10］ 宋小冬，钮心毅．地理信息系统实习教程［M］．3 版．北京：科学出版社，2013.

［11］ 崔铁军．地理空间分析原理［M］．北京：科学出版社，2016.

［12］ 杨慧．空间分析与建模［M］．北京：清华大学出版社，2013.

［13］ 秦昆．GIS 空间分析理论与方法［M］．2 版．武汉：武汉大学出版社，2010.

［14］ 吴秀芹．地理信息系统原理与实践［M］．北京：清华大学出版社，2011.

［15］ 吴信才．地理信息系统原理与方法［M］．4 版．北京：电子工业出版社，2019.

［16］ 李仁杰，张军海，胡引翠，等．地图学与 GIS 集成实验教程［M］．北京：科学出版社，2019.

［17］ 田明中，张佳会，佘晓君，等．地理信息系统实验教程［M］．北京：科学出版社，2018.

［18］ 陈述彭，鲁学军，周成虎．地理信息系统导论［M］．北京：科学出版社，2001.

［19］ ［美］Michael Kennedy．ArcGIS 地理信息系统基础与实训［M］．2 版．蒋波涛，袁娅娅，译．北京：清华大学出版社，2011.

［20］ 龚健雅．地理信息系统基础［M］．北京：科学出版社，2001.

［21］ 李志林，朱庆．数字高程模型［M］．2 版．武汉：武汉大学出版社，2003.

［22］ 王庆光．GIS 应用技术［M］．北京：中国水利水电出版社，2012.

［23］ 汤国安，杨昕，等．ArcGIS 地理信息系统空间分析实验教程［M］．2 版．北京：科学出版社，2012.

［24］ 何必，李海涛，孙更新．地理信息系统原理教程［M］．北京：清华大学出版社，2010.

［25］ 郑贵洲，晁怡．地理信息系统分析与应用［M］．北京：电子工业出版社，2010.

［26］ 张景雄．地理信息系统与科学［M］．武汉：武汉大学出版社，2010.

［27］ 余明，艾廷华．地理信息系统导论［M］．2 版．北京：清华大学出版社，2015.

［28］ 崔铁军．地理信息系统概论［M］．北京：科学出版社，2018.

［29］ 张飞舟，杨东凯，张弛．智慧城市及其解决方案［M］．北京：电子工业出版社，2015.

［30］ 赵英时．遥感应用分析原理与方法［M］．2 版．北京：科学出版社，2013.

［31］ 李征航，黄劲松 . GPS 测量与数据处理［M］. 3 版 . 武汉：武汉大学出版社，2016.

［32］ 周建郑 . GNSS 定位测量［M］. 3 版 . 北京：测绘出版社，2019.

［33］ 王庆光 . 地理信息系统应用［M］. 北京：中国水利水电出版社，2017.

［34］ 盛业华，张卡，杨林，等 . 空间数据采集与管理［M］. 北京：科学出版社，2018.

［35］ 潘松庆，魏福生，杜向锋 . 测量技术基础［M］. 郑州：黄河水利出版社，2012.